新型职业农民培育系列教材

U0231746

农作物
病虫害防治员

◎ 谢红战　王海峰　宋远平　主编

中国农业科学技术出版社

图书在版编目（CIP）数据

农作物病虫害防治员 / 谢红战，王海峰，宋远平主编 .—北京：中国农业科学技术出版社，2016.8

ISBN 978－7－5116－2698－1

Ⅰ.①农… Ⅱ.①谢…②王…③宋… Ⅲ.①作物－病虫害防治 Ⅳ.①S435

中国版本图书馆 CIP 数据核字（2016）第 179992 号

责任编辑 白姗姗
责任校对 马广洋

出 版 者 中国农业科学技术出版社
北京市中关村南大街 12 号 邮编：100081
电　　话 (010)82106638(编辑室) (010)82109702(发行部)
(010)82109709(读者服务部)
传　　真 (010)82106650
网　　址 http://www.castp.cn
经 销 者 各地新华书店
印 刷 者 北京富泰印刷有限责任公司
开　　本 850mm×1 168mm 1/32
印　　张 8.125
字　　数 211 千字
版　　次 2016 年 8 月第 1 版 2016 年 9 月第 2 次印刷
定　　价 31.90 元

版权所有 · 翻印必究

《农作物病虫害防治员》

编 委 会

主　编：谢红战　王海峰　宋远平

副主编：崔海青　阚伟锋　刘庆生　倪德华

何中华　余银山　陈中建　李春生

徐卫红　郑文艳　张慧娟　胡海建

宋会萍　姚　远　陈雄军　史俊兵

朱晓红　殷庆峰　武卫秀　焦　阳

乔奎红　孙　颖　耿会霞　王亚丽

李　娜　李　博　林艳丽　张丽佳

刘晓霞　李　彬　刘跃锋　田永涛

编　委：杨金民　李超强　李鹏飞　石丽芬

赵胜超　吴　彬　高　洋

前　言

病虫害不但制约着农作物稳产与高产，而且影响着农作物的品质。

我国农村社会化服务组织和专业合作组织中从事病虫害专业化防治的人员及适度规模生产经营的农民，学习农作物病虫害防治知识和技术是非常有必要的。通过学习，可以掌握农作物生产经营过程中有害生物防治知识和专业技能，特别是掌握目前主要农作物生产过程中有害生物防治的新知识、新技术、新成果和新动向，从而提高病虫害防控实际操作技能。为适应大力培育新型职业农民，培养造就一批懂技术、能示范的专业化服务组织及从业人员的需要，我们编写了本书。

本书全面、系统地介绍了农作物病虫草害的知识，内容包括专业化防治员的基本技能和素质、农作物病虫害的防治技术措施、主要农作物病虫草害识别与防治技术、农作物病虫害田间调查及预测预报、农田害鼠的综合治理、植保机械的使用与维护技术和农药安全使用技术等。

书中语言通俗易懂，技术深入浅出，实用性强，适合广大新型职业农民和基层农技人员学习参考。

编　者

2016 年 7 月

目　录

模块一 专业化防治员的基本技能和素质

第一节 专业化防治员的岗位职责与思想素质

现代农业需要新型农民。培养具有现代农业意识和现代农业技术与技能的农业劳动者，是我国农业发展的必然要求。

一、专业化防治员岗位职责

一名优秀的农作物病虫害预防员，不但需要具备专业等多方面的能力，更需要严格遵守其岗位职责，做到以下两点。

第一，熟悉农作物病虫害预防员的相关流程，掌握本行业的操作规程。并具备相应的实践操作能力。

第二，要积极开展市场调查，做好市场信息的收集、整理、分析和预测。积极以市场及消费者为对象，运用科学的方法收集、记录、整理和分析有关市场营销的信息和资料，分析农作物病虫害预防现状及存在的问题，并对未来市场供求状况和发展趋势做出判断。

二、专业化防治员思想素质

（一）思想品德素质

具备较高的职业道德修养，工作脚踏实地；对自己的职业有着浓厚的感情和忠诚度，对菜农及客户有高度的责任感；爱岗敬业，有着高度的工作热情；遵守社会道德、职业操守和行业规矩，尊重客户，合理地维护菜农及商户的利益。

（二）专业素质

掌握专业化防治员相关的国家政策、标准、法律等方面的知识；熟悉农作物病虫害预防相关的指标等；了解农作物病虫害预防相关的知识，包括行业特点、市场现状及前景等。此外，农作物病虫害预防是一项比较艰苦的工作，尤其是深入田间实地调查，有时要长途跋涉、顶风冒雨、连续作战，在工作中可能会遇到各种困难，这就要求储运工能吃苦耐劳，并具备良好的团队合作精神及沟通协调能力。

第二节　防治员的知识技能与素质

一、知识与技能要求

农作物病虫害专业防治员，是一项从事预防和控制病、虫、草、鼠和其他有害生物在农作物生长过程中的为害，保证农作物正常生长、农业生产安全的职业，在工作中应遵循与其相适应的行为规范，它要求农作物病虫害防治员忠于职守、爱岗敬业，具有强烈的责任感和社会服务意识。

农作物病虫害专业防治员应具备以下基本知识和技能。

（1）了解当地原有农作物病虫草害主要防治方式——分散防治存在的问题。

（2）了解专业化统防统治的概念、内涵和好处。

（3）了解农作物病虫草害和植物疫情对农业生产的影响。

（4）掌握当地主要农作物病虫草害发生为害的特点。

（5）会识别当地主要农作物病虫草害、植物疫情和有益生物，能独立调查病虫发生情况，做出准确防治。

（6）了解综合防治知识（农业防治、物理防治、生物防治、化学防治等）。

（7）了解国内外植保机械的种类。

（8）了解植保机械在化学防治中的作用。

（9）掌握当地常用植保机械的性能及其使用技术。

（10）掌握使用不同植保机械时农药的配制比例。

（11）病虫专业防治员职业道德、守法要求、权益保护、经营管理等。

（12）掌握流量、喷幅、施药液量与作业速度的关系。

（13）会在病虫草害防治过程中更换适宜的喷头。

（14）熟练掌握植保机械的维护与保养。

（15）掌握农药的基本知识及其在病虫草害防控中的重要作用。

（16）了解常用农药的使用安全间隔期。

（17）了解农药及其包装物对环境、人类生产生活及农产品质量安全的影响。

（18）会直观识别农药的真伪。

（19）会根据当地主要农作物病虫草害选择合适的农药品种。

（20）针对每种病虫草害掌握2～3种防治的农药品种。

（21）了解预防病虫草害抗药性的基本原理。

（22）掌握防治农作物药害的基本方法。

（23）了解不同施药方法，掌握影响施药质量的因素及提高农药利用率的技术。

（24）掌握安全用药及防护知识，预防中毒、中暑及其急救方法。

（25）掌握诱虫灯、诱虫板等诱捕器的使用方法，了解天敌知识与释放方法。

二、基本素质

（一）爱岗敬业

爱岗敬业就是热爱农作物病虫害防治员工作，具有吃苦耐劳的精神，能够经得起不怕脏、不怕累的考验，充分认识到自己所从事职业的社会价值，尽心尽力地做好农作物病虫害防治工作。

认真负责是指农作物病虫害防治员在从事对农作物病、虫、草、鼠害等测报、防治等工作时要认真负责，一丝不苟；对调查研究中获得的各种数据和与本职业有关的专业知识、技术成果、实际操作等的资料要实事求是，不弄虚作假。

（二）勤奋好学

勤奋好学是指深入研究农作物病虫害防治专业技术知识和实际操作技能。一方面，农作物病、虫、草、鼠害的种类多，分布广，适应性强，诊断、测报及防治工作均较复杂；另一方面，农作物病虫害防治科学发展迅速，新的科学技术不断运用到生产实践之中。因此，农作物病虫害专业防治员不仅要具备较高的科学文化水平和丰富的生产实践经验，而且要不断地学习来充实自己，刻苦钻研新技术，提高业务能力，才能做好本职工作，在农业生产中发挥更大的作用。

（三）规范操作

规范操作就是要求农作物病虫害专业防治员在操作过程中要严格操作规程，注意人、畜、作物及天敌的安全，做到经济、安全、有效，把病虫等有害生物控制在一定的经济允许水平下，从而提高农作物的产量和质量。

（四）依法维权

依法维权即消费者合法权益受到侵害时，采取向主管部门投诉或向法院起诉，通过调解或判决的方式获得赔偿的行为。同样，农民在购买、使用农药过程中，权益受到损害时，农作物病虫害专业防治员要具有从步骤和技术上帮助他们依法维权的能力。

首先，告诉农民朋友在购买农药时，要向经营户索要发票和信誉卡并保存好，并在经营户记录台账上和信誉卡上记录购买产品、数量、批次等详细情况。其次，在使用农药时按标签说明使用，同时要留有100毫升以上的农药保存起来。最后，如果出现药害等问题，可以凭证据到购买农药的经营户处交涉，争取赔偿；如果存在分歧，可以列出证据，到当地农业行政部门投诉；损失严重者也可向法院起诉。

第三节　安全知识

一、自身安全

农作物病虫害专业防治员在从事职业工作过程中，经常在作物带有病菌、病毒的环境中工作，有时还会在试验、施药的过程中接触农药。所以，自身安全就是必须面对和注意的问题，作为一名职业工作者，要有基本的个人防护知识和意识。

二、质量安全

质量安全是指农产品质量符合保障人的健康、安全的要求。国家制定了农产品质量安全标准等级，分别为“无公害农产品”“绿色食品”“有机食品”3种。“无公害农产品”是指源于良好生态环境，按照专门的生产技术规程生产或加工，无有害物质残留或残留控制在一定范围之内，符合标准规定的卫生质量指标的农产品。“绿色食品”是遵循可持续发展原则，按照特定生产方式生产，经过专门机构认定，许可使用“绿色食品”标志的，无污染的，安全、优质、营养类食品，级别比“无公害农产品”更高。“有机食品”指来自于有机农业生产体系，根据国际有机农业生产要求和相应标准生产、加工，并经具有资质的独立认证机构认证的一切农产品。“有机食品”不使用任何人工合成的化肥、农药和添加剂，因此对生产环境和品质控制的要求非常严格。《中华人民共和国农产品质量安全法》（以下简称《农产品质量安全法》）规定国家建立农产品质量安全监测制度，保障农产品质量安全。

三、产量安全

产量安全即通过科学的管理和种植，收获的产量能够保证人类生存处在安全状态以上。随着人口数量增加，人均耕地面积越来越少，人类生活水平逐步提高，粮食产量安全保障的难度越来越大。最现实的解决方案就是从技术上提高粮食的产量和质量。而在长期耕作过程中，土壤肥力逐渐饱和，水资源供应日益紧张，农作物的耕作管理就成了保证粮食产量安全重要的技术工作，其中最直接的工作内容就包括农作物病虫害防治。

四、环境安全

环境安全即与人类生存、发展活动相关的生态环境及自然资源处于良好的状况或未遭受不可恢复的破坏。包括两个方面的内容，一方面是生产、生活、技术层面的环境安全，另一方面是社会、政治、国际层面的环境安全。农作物病虫害防治员在工作中要注意环境污染对农业生产的影响，首先要遵从预防为主、综合防治的植保方针，在保护生态平衡的情况下进行农作物病虫害防治。作为农作物病虫害专业防治员，在工作中要了解农药基本知识和毒性等级，针对农作物受到的不同病、虫、草、鼠害，选择合适的农药，在适宜阶段防治，尽量减少农药对农作物、农业、农村环境和生态的污染是十分必要的。

第四节　法律常识

农作物病虫害防治工作的环境和条件与农业技术推广、农产品质量安全息息相关，同时在预防和控制病、虫、草、鼠及其他有害生物对农作物为害的过程中，要深入病菌、病毒、毒气等有危险的环境，并接触有毒的物体。所以，国家特别重视农作物病虫害防治工作对人、畜的为害及带来的环境保护、安全生产等问题，制定了相应的法律法规来规范其活动。农作物病虫害专业防治员要熟悉的主要法律法规有《中华人民共和国农业技术推广法》(以下简称《农业技术推广法》)、《农产品质量安全法》、《中华人民共和国农药管理条例》(以下简称《农药管理条例》)、《中华人民共和国植物检疫条例》(以下简称《植物检疫条例》)等。

一、《农产品质量安全法》

《农产品质量安全法》于2006年4月29日第十届全国人民代表大会常务委员会第二十一次会议通过，2006年11月1日起施行，共8章56条。《农产品质量安全法》是为保障农产品质量安全，维护公众健康，促进农业和农村经济发展而制定。

农产品是指来源于农业的初级产品，即在农业活动中获得的植物、动物、微生物及其产品。农产品质量安全，是指农产品质量符合保障人的健康、安全的要求。国家建立健全农产品质量安全标准体系。农产品质量安全标准是强制性的技术规范。

县级以上地方人民政府农业行政主管部门按照保障农产品质量安全的要求，根据农产品品种特性和生产区域大气、土壤、水体中有毒有害物质状况等因素，认为不适宜特定农产品生产的，提出禁止生产的区域，报本级人民政府批准后公布。

禁止在有毒有害物质超过规定标准的区域生产、捕捞、采集食用农产品和建立农产品生产基地。禁止违反法律、法规的规定向农产品产地排放或者倾倒废水、废气、固体废物或者其他有毒有害物质。农业生产用水和用作肥料的固体废物，应当符合国家规定的标准。农产品生产者应当合理使用化肥、农药、兽药、农用薄膜等化工产品，防止对农产品产地造成污染。

对可能影响农产品质量安全的农药、兽药、饲料和饲料添加剂、肥料、兽医器械，依照有关法律、行政法规的规定实行许可制度。国务院农业行政主管部门和省、自治区、直辖市人民政府农业行政主管部门应当定期对可能危及农产品质量安全的农药、兽药、饲料和饲料添加剂、肥料等农业投人品进行监督抽查，并公布抽查结果。

农产品生产企业和农民专业合作经济组织应当建立农产品生产记录，如实记载下列事项：①使用农业投入品的名称、来源、用法、用量和使用、停用的日期。②动物疫病、植物病虫草害的发生和防治情况。③收获、屠宰或者捕捞的日期。农产品生产记录应当保存 2 年。禁止伪造农产品生产记录。国家鼓励其他农产品生产者建立农产品生产记录。

农产品生产企业、农民专业合作经济组织以及从事农产品收购的单位或者个人销售的农产品，按照规定应当包装或者附加标识的，须经包装或者附加标识后方可销售。包装物或者标识上应当按照规定标明产品的品名、产地、生产者、生产日期、保质期、产品质量等级等内容；使用添加剂的，还应当按照规定标明添加剂的名称。

销售的农产品必须符合农产品质量安全标准，生产者可以申请使用无公害农产品标识。农产品质量符合国家规定的有关优质农产品标准的，生产者可以申请使用相应的农产品质量标识。禁止冒用农产品质量标识。

有下列情形之一的农产品，不得销售：①含有国家禁止使用的农药、兽药或者其他化学物质的。②农药、兽药等化学物质残留或者含有的重金属等有毒有害物质不符合农产品质量安全标准的。③含有的致病性寄生虫、微生物或者生物毒素不符合农产品质量安全标准的。④使用的保鲜剂、防腐剂、添加剂等材料不符合国家有关强制性的技术规范的。⑤其他不符合农产品质量安全标准的。

农产品质量安全检测机构伪造检测结果的，责令改正，没收违法所得，并处5万元以上10万元以下罚款，对直接负责的主管人员和其他直接责任人员处1万元以上5万元以下罚款；情节严重的，撤销其检测资格；造成损害的，依法承担赔偿责任。农产品质量安全检测机构出具检测结果不实，造成损害的，依法承担赔偿责任；造成重大损害的，并撤销其检测资格。

《农产品质量安全法》规定，国家引导、推广农产品标准化生产，鼓励和支持生产优质农产品，禁止生产、销售不符合国家规定的农产品质量安全标准的农产品；支持农产品质量安全科学技术研究，推行科学的质量安全管理方法，推广先进安全的生产技术；国家建立健全强制性的农产品质量安全标准体系；对农产品产地作出明确要求；对农产品生产的管理职能作出明确分工；对农产品生产、销售制定了严格的监督检查制度和法律责任。

二、《农业技术推广法》

《农业技术推广法》于1993年7月2日第八届全国人民代表大会常务委员会第二次会议通过，2012年8月31日第十一届全国人民代表大会常务委员会第二十八次会议修正，2013年1月1日起施行，共6章39条。

农业技术是指应用于种植业、林业、畜牧业、渔业的科研成果和实用技术，包括良种繁育、栽培、肥料施用和养殖技术；植物病虫害、动物疫病和其他有害生物防治技术；农产品收获、加工、包装、储藏、运输技术；农业投入品安全使用、农产品质量安全技术；农田水利、农村供排水、土壤改良与水土保持技术；农业机械化、农用航空、农业气象和农业信息技术；农业防灾减灾、农业资源与农业生态安全和农村能源开发利用技术；其他农业技术。

农业技术推广是指通过试验、示范、培训、指导以及咨询服务等，把农业技术普及应用于农业产前、产中、产后全过程的活动。农业技术推广应当遵循的原则：有利于农业、农村经济可持续发展和增加农民收入；尊重农业劳动者和农业生产经营组织的意愿；因地制宜，经过试验、示范；公益性推广与经营性推广分类管理；兼顾经济效益、社会效益，注重生态效益。

农业技术推广，实行国家农业技术推广机构与农业科研单位、有关学校、农民专业合作社、涉农企业、群众性科技组织、农民技术人员等相结合的推广体系。国家农业技术推广机构的专业技术人员应当具有相应的专业技术水平，符合岗位职责要求。国家农业技术推广机构聘用的新进专业技术人员，应当具有大专以上有关专业学历，并通过县级以上人民政府有关部门组织的专业技术水平考核。自治县、民族乡和国家确定的连片特困地区，经省、自治区、直辖市人民政府有关部门批准，可以聘用具有中专有关专业学历的人员或者其他具有相应专业技术水平的人员。

国家逐步提高对农业技术推广的投入。各级人民政府在财政预算内应当保障用于农业技术推广的资金，并按规定使该资金逐年增长。各级人民政府应当采取措施，保障和改善县、乡镇国家农业技术推广机构的专业技术人员的工作条件、生活条件和待遇，并按照国家规定给予补贴，保持国家农业技术推广队伍的稳定。对在县、乡镇、村从事农业技术推广工作的专业技术人员的职称评定，应当以考核其推广工作的业务技术水平和实绩为主。各级人民政府有关部门及其工作人员未依照规定履行职责的，对直接负责的主管人员和其他直接责任人员依法给予处分。违反规定，截留或者挪用用于农业技术推广的资金的，对直接负责的主管人员和其他直接责任人员依法给予处分；构成犯罪的，依法追究刑事责任。

三、《植物检疫条例》

《植物检疫条例》于1983年1月3日国务院发布，1992年5

月13日修订发布，共有24条。《植物检疫条例》是为防止为害植物的危险性病、虫、杂草传播蔓延，保护农业、林业生产安全而制定，明确了植物检疫实施单位的各级农业、林业部门的职责，规定执行植物检疫任务，应穿着检疫制服和佩戴检疫标志。对植物检疫对象、疫区、保护区作了详细的定义；对检疫工作开展作了区域性、程序性的规定；对植物检疫工作落实不完善，造成损失或严重后果的，作了处罚或处理的规定。

国务院农业主管部门、林业主管部门主管全国的植物检疫工作，各省、自治区、直辖市农业主管部门、林业主管部门主管本地区的植物检疫工作。县级以上地方各级农业主管部门、林业主管部门所属的植物检疫机构，负责执行国家的植物检疫任务。植物检疫人员进入车站、机场、港口、仓库以及其他有关场所执行植物检疫任务，应穿着检疫制服和佩戴检疫标志。

凡局部地区发生的危险性大、能随植物及其产品传播的病、虫、杂草，应定为植物检疫对象。局部地区发生植物检疫对象的，应划为疫区，采取封锁、消灭措施，防止植物检疫对象传出；发生地区已比较普遍的，则应将未发生地区划为保护区，防止植物检疫对象传入。

调运植物和植物产品，属于下列情况的，必须经过检疫：①列入应施检疫的植物、植物产品名单的，运出发生疫情的县级行政区域之前，必须经过检疫。②凡种子、苗木和其他繁殖材料，不论是否列入应施检疫的植物、植物产品名单和运往何地，在调运之前，都必须经过检疫。

种子、苗木和其他繁殖材料的繁育单位，必须有计划地建立无植物检疫对象的种苗繁育基地、母树林基地。试验、推广的种子、苗木和其他繁殖材料，不得带有植物检疫对象。植物检疫机构应实施产地检疫。从国外引进种子、苗木，引进单位应当向所在地的省、自治区、直辖市植物检疫机构提出申请，办理检疫审批手续。从国外引进、可能潜伏有危险性病、虫的种子、苗木和其他繁殖材料，必须隔离试种，植物检疫机构应进行调查、观察和检疫，证明确实不带危险性病、虫的，方可分散种植。

植物检疫的方法按检验场所和方法可分为：入境口岸检验、原产地田间检验、入境后的隔离种植检验等。实施植物检疫根据有害生物的分布地域性、扩大分布为害地区的可能性、传播的主要途径、对寄主植物的选择性和对环境的适应性，以及原产地自然天敌的控制作用和能否随同传播等情况制定。其内容一般包括检疫对象、检疫程序、技术操作规程、检疫检验和处理的具体措施等，具有法律约束力。通过检疫检验发现有害生物后，一般采取以下处理措施：禁止入境或限制进口；消毒除害处理；改变输入植物材料的用途；铲除受害植物，消灭初发疫源地。

四、《农药管理条例》

《农药管理条例》于 1997 年 5 月 8 日国务院发布并施行，2001 年 11 月 29 日修订公布，共 8 章 49 条。《农药管理条例》是为了加强对农药生产、经营和使用的监督管理，保证农药质量，保护农业、林业生产和生态环境，维护人畜安全而制定。

《农药管理条例》所称农药，是指用于预防、消灭或者控制为害农业、林业的病、虫、草和其他有害生物以及有目的地调节植物、昆虫生长的化学合成或者来源于生物、其他天然物质的一种物质或者几种物质的混合物及其制剂。

农药包括用于不同目的、场所的下列各类：①预防、消灭或者控制为害农业、林业的病、虫（包括昆虫、蜱、螨）、草和鼠、软体动物等有害生物的。②预防、消灭或者控制仓储病、虫、鼠和其他有害生物的。③调节植物、昆虫生长的。④用于农业、林业产品防腐或者保鲜的。⑤预防、消灭或者控制蚊、蝇、蜚蠊、鼠和其他有害生物的。⑥预防、消灭或者控制为害河流堤坝、铁路、机场、建筑物和其他场所的有害生物的。

国家实行农药登记制度。国内首次生产的农药和首次进口的农药的登记，按照田间试验、临时登记、正式登记 3 个阶段进行。国务院农业行政主管部门所属的农药检定机构负责全国的农药具体登记工作。省、自治区、直辖市人民政府农业行政主管部门所属的农药检定机构协助做好本行政区域内的农药具体登记工作。

农药生产应当符合国家农药工业的产业政策。开办农药生产企业（包括联营、设立分厂和非农药生产企业设立农药生产车间），应当具备的条件有：①有与其生产的农药相适应的技术人员和技术工人。②有与其生产的农药相适应的厂房、生产设施和卫生环境。③有符合国家劳动安全、卫生标准的设施和相应的劳动安全、卫生管理制度。④有产品质量标准和产品质量保证体系。⑤所生产的农药是依法取得农药登记的农药。⑥有符合国家环境保护要求的污染防治设施和措施，并且污染物排放不超过国家和地方规定的排放标准。

经企业所在地的省、自治区、直辖市工业产品许可管理部门审核同意后，报国务院工业产品许可管理部门批准。农药生产企业经批准后，方可依法向工商行政管理机关申请领取营业执照。

国家实行农药生产许可制度。生产有国家标准或者行业标准的农药的，应当向国务院工业产品许可管理部门申请农药生产许可证。生产尚未制定国家标准、行业标准，但已有企业标准的农药的，应当经省、自治区、直辖市工业产品许可管理部门审核同意后，报国务院工业产品许可管理部门批准，发给农药生产批准文件。

农药产品包装必须贴有标签或者附具说明书。标签应当紧贴或者印制在农药包装物上。标签或者说明书上应当注明农药名称、企业名称、产品批号和农药登记证号或者农药临时登记证号、农药生产许可证号或者农药生产批准文件号以及农药的有效成分、含量、重量、产品性能、毒性、用途、使用技术、使用方法、生产日期、有效期和注意事项等；农药分装的，还应当注明分装单位。农药产品出厂前，应当经过质量检验并附具产品质量检验合格证；不符合产品质量标准的，不得出厂。

农药经营单位应当具备下列条件和有关法律、行政法规规定的条件，并依法向工商行政管理机关申请领取营业执照后，方可经营农药：①有与其经营的农药相适应的技术人员。②有与其经营的农药相适应的营业场所、设备、仓储设施、安全防护措施和环境污染防治设施、措施。③有与其经营的农药相适应的规章制度。④有与其经营的农药相适应的质量管理制度和管理手段。

县级以上各级人民政府农业行政主管部门应当根据“预防为主，综合防治”的植保方针，组织推广安全、高效农药，开展培训活动，提高农民施药技术水平，并做好病虫害预测预报工作。

使用农药应当遵守农药防毒规程，正确配药、施药，做好废弃物处理和安全防护工作，防止农药污染环境和农药中毒事故。使用农药应当遵守国家有关农药安全、合理使用的规定，按照规定的用药量、用药次数、用药方法和安全间隔期施药，防止污染农产品。

剧毒、高毒农药不得用于防治卫生害虫，不得用于蔬菜、瓜果、茶叶和中草药材。使用农药应当注意保护环境、有益生物和珍稀物种。严禁用农药毒鱼、虾、鸟、兽等。

禁止生产、经营和使用假、劣质农药。

下列农药为假农药：①以非农药冒充农药或者以此种农药冒充他种农药的。②所含有效成分的种类、名称与产品标签或者说明书上注明的农药有效成分的种类、名称不符的。

下列农药为劣质农药：①不符合农药产品质量标准的。

②失去使用效能的。③混有导致药害等有害成分的。

禁止经营产品包装上未附标签或者标签残缺不清的农药。

未经登记的农药，禁止刊登、播放、设置、张贴广告。

任何单位和个人不得生产、经营和使用国家明令禁止生产或者撤销登记的农药。

模块二　农作物病虫害的防治技术措施

第一节　农作物检疫与农业防治

一、农作物检疫

农作物检疫可分为对内检疫和对外检疫。对内检疫（国内检疫）是国内各级检疫机关，会同交通、运输、邮电、供销及其他有关部门，根据检疫条例，防止和消灭通过地区间的物资交换，调运种子、苗木及其他农产品而传播的危险性病、虫及杂草。我国对内检疫主要以产地检疫为主，道路检疫为辅。对外检疫（国际检疫）是国家在对外港口、国际机场及国际交通要道设立检疫机构，对进出口的植物及其产品进行检疫处理。防止国家新的或在国内还是局部发生的危险性病、虫及杂草的输入；同时也防止国内某些危险性的病、虫及杂草的输出。对内检疫是对外检疫的基础，对外检疫是对内检疫的保障。

在农作物检疫工作中，凡是被列入农作物检疫对象的，都是危险性的有害生物，它们的共同特点是：①国内或当地尚未发现或局部已发生而正在消灭的。②繁殖力强，适应性广，一旦传入对作物为害性大，经济损失严重，难以根除。③可人为随种子、苗木、农产品及包装物等运输，作远距离传播的。例如，地中海实蝇、水稻细菌性条斑病、毒麦和红火蚁等都是当前重要的农作物检疫对象，在疫区都给农林业生产带来了严重灾难。因此，在人员和商品流量大，植物繁殖材料调动频繁的情况下，强化农业农作物检疫执法工作的力度，对杜绝外来有害生物入侵，发展出口创汇农业生产，实现农业生产可持续发展，保护生产者利益，促进农民增收具有重大的意义。

二、农业防治

农业防治法就是通过改进栽培技术措施，使环境条件不利于病虫害的发生，而有利于植物的生长发育，直接或间接地消灭或抑制植物病虫害的发生与为害。这种方法是最经济、最基本的防治方法，其最大优点是不需要过多的额外投入，且易与其他措施相配套，而且预防作用强，可以长久控制植物病虫害，它是综合防治的基础。其局限性有防治效果比较慢，对暴发性病虫的为害不能迅速控制，而且地域性、季节性较强等。

农业防治的主要措施如下所述。

（一）选用抗病虫品种　培育和推广抗病虫品种

目前，我国在水稻、小麦、玉米、棉花、烟草等作物上已培育出一大批具有抗性的优良品种，随着现代生物技术的发展，利用基因工程等新技术培育抗性品种，将会在今后的有害生物综合治理中发挥更大作用。在抗病虫品种的利用上，要防止抗性品种的单一化种植，注意抗性品种轮换，合理布局具有不同抗性基因的品种，同时配以其他综合防治措施，提高利用抗病虫品种的效果，充分发挥作物自身对病虫害的调控作用。例如，通过不断培育和推广抗病虫品种，有效控制了常发的和难以防治的病虫害如锈病、白粉病、病毒病、稻瘟病和吸浆虫等，抗病虫品种已在生产中起了很大作用。

（二）改革耕作制度　实行合理的轮作

倒茬可以恶化病虫发生的环境，例如，在四川推广以春茄子、中稻和秋花椰菜为主的“菜－稻－菜”水旱轮作种植模式，大大减轻了一些土传病害（如茄黄萎病）、地下害虫和水稻病虫的为害；正确的间、套作有助于天敌的生存繁衍或直接减少害虫的发生，如麦棉套种，可减少前期棉蚜迁入，麦收后又能增加棉株上的瓢虫数量，减轻棉蚜为害；合理调整作物布局可以造成病虫的病害循环或年生活史中某一段时间的寄主或食料缺乏，达到减轻为害的目的，这在水稻螟虫等害虫的控制中有重要作用。

（三）加强田间管理综合运用

加强田间综合管理，有助于防治各种植物病虫害。一般而言，种植密度大，田间荫蔽，就会影响通风透光，导致湿度大，植物木质化速度慢，从而加重大多数高湿性病害和喜阴好湿性害虫的发生为害。因而合理密植不仅能使作物群体生长健壮整齐，提高对病虫的抵抗力；同时也使植株间通风透气好，湿度降低，有利于抑制纹枯病、菌核病和稻飞虱等病虫害的发生。科学管水，控制田间湿度，防止作物生长过嫩过绿，可以减轻多种病虫的发生。如稻田春耕灌水，可以杀死稻桩内越冬的螟虫；稻田适时排水晒田，可有效地控制稻瘿蚊、稻飞虱和水稻纹枯病等病虫的发生。连栋塑料温室可以利用风扇定时排湿，尽量减少作物表面结露，从而抑制病害发生。一般来说，氮肥过多，植物生长嫩绿，分支分蘖多，有利于大多数病虫的发生为害。而采用测土配方施肥技术，肥料元素养分齐全、均衡，适合作物生长需求，作物抗病虫害能力明显增强，可显著地减轻蚜虫、稻瘟病、纹枯病和枯萎病等病虫害的发生，控制病虫害发病率，从而有利于控制化肥、农药的使用量，减少农作物有害成分的残留，保护农田生态环境。健康栽培措施是通过农事操作，清除农田内的有害生物及其滋生场所，改善农田生态环境，保持田园卫生，减少有害生物的发生为害。通过健康栽培措施，既可使植物生长健壮，又可以防止或减轻病虫害发生。主要措施有：植物的间苗、打杈、摘顶，清除田间的枯枝落叶、落果等各种植物残余物。例如，油菜开花期后，适时摘除病、老、黄叶，带出田外集中处理，有利于防治油菜菌核病。

田间杂草往往是病虫害的野生过渡寄主或越冬场所，清除杂草可以减少植物病虫害的侵染源。综上所述，健康栽培措施已成为一项有效的病虫害防治措施。此外，加强田间管理的措施还有改进播种技术、采用组培脱毒育苗、翻土培土、嫁接防病和安全收获等。

第二节　生物防治

生物防治法就是利用自然界中各种有益生物或有益生物的代谢产物来防治有害生物的方法。生物防治的优点是对人、畜、植物安全，不杀伤天敌及其他有益生物，一般不污染生态环境，往往对有害生物有长期的抑制作用，而且生物防治的自然资源比较丰富，使用成本比使用化学农药低。因此，生物防治是综合防治的重要组成部分。但是，生物防治也有局限性，如作用较缓慢，在有害生物大发生后常无法控制；使用时受气候和地域生态环境影响大，效果不稳定；多数天敌的选择性或专化性强，作用范围窄，控制的有害生物数量仍有限；人工开发周期长，技术要求高等。所以，生物防治必须与其他防治方法相结合。

生物防治的主要措施如下所述。

一、利用天敌昆虫来防治害虫

以害虫作为食物的昆虫称为天敌昆虫。利用天敌昆虫来防治害虫，称为“以虫治虫”。天敌昆虫主要有捕食性和寄生性两大类型。

（一）捕食性天敌昆虫

专以其他昆虫或小动物为食物的昆虫，称为捕食性昆虫。分属于18个目近200个科，常见的捕食性天敌昆虫有蜻蜓、螳螂、猎蝽、刺蝽、花蝽、姬猎蝽、瓢虫、草蛉、步甲、食虫虻、食蚜蝇、胡蜂、泥蜂、蚂蚁等。这些天敌一般均较被猎取的害虫大，捕获害虫后立即咬食虫体或刺吸害虫体液，捕食量大，在其生长过程中，能捕食几头至数十头，甚至数千头害虫，可以有效地控制害虫种群数量。例如，利用澳洲瓢虫与大红瓢虫防治柑橘吹绵介壳虫较为成功。一头草蛉幼虫，一天可以吃掉几十甚至上百头蚜虫。

（二）寄生性天敌昆虫

这些天敌寄生在害虫体内，以害虫的体液或内部器官为食，导致害虫死亡。分属于 5 个目近 90 个科内，主要包括寄生蜂和寄生蝇，其虫体均较寄主虫体小，以幼虫期寄生于害虫的卵、幼虫及蛹内或体上，最后寄主害虫随天敌幼虫的发育而死亡。目前，我国利用寄生性天敌昆虫最成功的例子是利用赤眼蜂寄生多种鳞翅目害虫的卵。

以虫治虫的主要途径有以下 3 个方面：①保护利用本地自然天敌昆虫。如合理用药，避免农药杀伤天敌昆虫；对于园圃修剪下来的有虫枝条，其中的害虫体内通常有天敌寄生，因此，应妥善处理这些枝条，将其放在天敌保护器中，使天敌能顺利羽化，飞向园圃等。②人工大量繁殖和释放天敌昆虫。目前国际上有 130 余种天敌昆虫已经商品化生产，其中主要种类为赤眼蜂、丽蚜小蜂、草蛉、瓢虫、小花蝽、捕食螨等。③引进外地天敌昆虫。如早在 19 世纪 80 年代，美国从澳大利亚引进澳洲瓢虫（*Rodolia cardinalis*），5 年后原来为害严重的吹绵蚧就得到了有效控制；1978 年我国从英国引进丽蚜小蜂（*Encarsia formosa* Gqhan）防治温室白粉虱取得成功等。

二、利用害虫的病原微生物及其代谢产物来防治害虫

以菌治虫，就是利用害虫的病原微生物及其代谢产物来防治害虫。该方法具有对人、畜、植物和水生动物无害，无残毒，不污染环境，不杀伤害虫的天敌，持效期长等优点，因此，特

别适用于植物害虫的生物防治。

目前，生产上应用较多的是病原细菌、病原真菌和病原病毒三大类。我国利用的昆虫病原细菌主要是苏云金杆菌（Bt），主要用于防治棉花、蔬菜、果树、水稻等作物上的多种鳞翅目害虫。目前，国内已成功地将苏云金杆菌的杀虫基因转入多种植物体内，培育成抗虫品种，如转基因的抗虫棉等。我国利用的病原真菌主要是白僵菌，可用于防治鳞翅目幼虫、叶蝉、飞虱等。目前发现的昆虫病毒以核型多角体病毒（NPV）最多，其次为颗粒体病毒（GV）及质型多角体病毒（CPV）等。其中应用于生产的有棉铃虫、茶毛虫和斜纹夜蛾核型多角体病毒、菜粉蝶和小菜蛾颗粒体病毒、松毛虫质型多角体病毒等。

近年来，在玉米螟生物防治中，还推广以卵寄生蜂（赤眼蜂）为媒介传播感染玉米螟的病毒，使初孵玉米螟幼虫罹病，诱导玉米螟种群罹发病毒病，达到控制目标害虫玉米螟为害的目的。该项目被称为“生物导弹”防治玉米螟技术。

此外，某些放线菌产生的抗生素对昆虫和螨类有毒杀作用，这类抗生素称为杀虫素。常见的杀虫素有阿维菌素、多杀菌素等。例如，阿维菌素已经广泛应用于防治多种害虫和害螨。

三、利用对植物无害或有益的微生物来减少病原物的数量

“以菌治菌（病）”是利用对植物无害或有益的微生物来影响或抑制病原物的生存和活动，减少病原物的数量，从而控制植物病害的发生与发展。有益微生物广泛存在于土壤、植物根围和叶围等自然环境中。应用较多的有益微生物如细菌中的放射土壤杆菌、荧光假单胞菌和枯草芽孢杆菌等，真菌中的哈茨木霉及放线菌（主要利用其产生的抗生素）等。如我国研制的井冈霉素是由吸水链霉菌井冈变种产生的水溶性抗生素，已经广泛应用于水稻纹枯病和麦类纹枯病的防治。

四、其他有益生物的应用

在自然界，还有很多有益动物能有效地控制害虫。如蜘蛛和捕食螨同属于节肢动物门、蛛形纲，主要捕食昆虫，农田常见的有草间小黑蛛、八斑球腹蛛、拟水狼蛛、三突花蟹蛛等，主要捕食各种飞虱、叶蝉、螨类、蚜虫、蝗蝻、蝶蛾类卵和幼虫等。很多捕食性螨类是植食性螨类的重要天敌，重要科有植绥螨科、长须螨科。这两个科中有的种类如胡瓜钝绥蛾、尼氏钝绥螨、拟长行钝绥螨已能人工饲养繁殖并释放于农田、果园和茶园。如以应用胡瓜钝绥螨（*Amblyseius cucnmeris*）为主的“以螨治螨”生物防治技术，1997 年以来已在全国 20 个省市的 500 余个县市的柑橘、棉花、茶叶等 12 种作物上应用，用以防治柑橘全爪螨、柑橘锈壁虱、柑橘始叶螨、二斑叶螨、截形叶螨、土耳其斯坦叶螨、山楂叶螨、苹果全爪蜗、侧多食跗线螨、茶橙瘿螨、咖啡小爪螨、南京裂爪螨、竹裂螨、竹缺爪螨等害螨的为害，年可减少农药使用量 40%～60%，防治成本仅为化学防治的 1/3，具有操作方便、省工省本、无毒、无公害的特点，成为各地受欢迎的一个优良的天敌品种。

两栖类动物中的青蛙、蟾蜍、雨蛙、树蛙等捕食多种农作物害虫，如直翅目、同翅目、半翅目、鞘翅目、鳞翅目害虫等。大多数鸟类捕食害虫，如家燕能捕食蚊、蝇、蝶、蛾等害虫。有些线虫可寄生地下害虫和钻蛀性害虫，如斯氏线虫和格氏线虫，用于防治玉米螟、地老虎、蛴螬、桑天牛等害虫。此外，多种禽类也是害虫的天敌，如稻田养鸭可控制稻田潜叶蝇、稻水象甲、二化螟、稻飞虱、中华稻蝗、稻纵卷叶螟等害虫。鸡可啄食茶树上的茶小绿叶蝉。

五、昆虫性信息素在害虫防治中的应用

近年来，昆虫性信息素在害虫防治中的应用越来越广泛。

昆虫性信息素是由同种昆虫的某一性别分泌于体外，能被同种异性个体的感受器所接受，并引起异性个体产生一定的行为反应或生理效应。多数昆虫种类由雌虫释放，以引诱雄虫。目前，全世界已鉴定和合成的昆虫性信息素及其类似物达 2 000余种，这些性信息素在结构上有较大的相似性，多数为长链不饱和醇、醋酸酯、醛或酮类。每只昆虫的性外激素含量极微，一般在 0.005～1 微克。甚至只有极少量挥发到空气中，就能把几十米、几百米、甚至几千米以外的异性昆虫招引来，因此，可利用一些害虫对性外激素的敏感，采用性诱惑的方法设置诱捕器、诱芯来进一步诱杀大量的雄蛾，减少雄蛾与雌蛾的交配机会，因而对降低田间卵量、减少害虫的种群数量起到良好的作用。目前，已经应用在二化螟、小菜蛾、甜菜夜蛾和斜纹夜蛾的防治中，在农药的使用次数和使用量大幅度削减，减低农药残留的同时，虫害得到有效控制，保护了自然天敌和生物多样性。

第三节　物理防治

物理机械防治法就是利用各种物理因素（如光、电、色、温湿度等）和机械设备来防治有害生物的植物保护措施。此法一般简便易行，成本较低，不污染环境，而且见效快，但有些措施费时费工，需要特殊的设备，有些方法对天敌也有影响。一般作为一种辅助防治措施。

一、灭鼠技术

（一）常见农业害鼠

最常见的主要农业害鼠有近 30 种。农村害鼠可以分为家栖鼠类和野栖鼠类，家栖鼠类主要有褐家鼠、小家鼠和黄胸鼠。其中，褐家鼠和小家鼠分布全国各地，黄胸鼠主要分布在我国南方各省。

（二）杀鼠剂种类

敌鼠钠盐、杀鼠灵、杀鼠迷、氯敌鼠，溴敌隆、大隆、杀它仗等。

（三）农区统一灭鼠技术

一是洞口外一次性饱和投饵。将毒饵投在距鼠洞口 35 厘米鼠出入的道上。农田、荒地鼠每洞裸投 510 克。

二是农田毒饵站投饵。一般每亩（667 平方米。全书同）农田设置毒饵站两个，每个毒饵站投毒饵 50～80 克。

三是农舍一律用毒饵站投饵。房前屋后各放一个，每个毒饵站投毒饵 50～80 克。

（四）毒饵站制作方法

PVC 管或竹筒毒饵站用口径为 56 厘米 PVC 管或竹子制成，在房舍区，竹筒毒饵站的长度可在 30 厘米左右，在农田的毒饵站在 45 厘米左右（不算用来遮雨的突出部分）。在室内放置毒饵站时，可将毒饵站直接放置在地而，用小石块稍作固定即可。在野外使用时，应将铁丝插入地下，地面与竹筒应留有 3 厘米左右的距离，以免雨水灌入。

（五）慢性杀鼠剂中毒的处理

经口毒物中毒的一般救治措施为催吐、洗胃、灌服活性炭、导泻及综合对症治疗。抗凝血慢性杀鼠剂中毒时，一是对误食已有 1 天以上的患者，应测定血浆凝血酶元时间，若凝血酶元时间延长，应肌肉注射维生素 K_1，成人 5 毫克，儿童 1 毫克，24 小时后再测凝血酶元时间，再肌肉注射维生素 K_1，剂量同前。二是对出现症状并伴有低凝血酶元血症的患者，每日肌肉注射维生素 K_1，成人 25 毫克，儿童 0.6 毫克/千克体重，到出血症状停止。抗凝血杀鼠剂指敌鼠钠盐、氯敌鼠、杀鼠酮钠盐、杀鼠灵、杀鼠迷、溴敌隆、溴鼠灵等。由它们配制成的毒饵误食中毒都可用上述方法解毒。注意：急性灭鼠药误食中毒，由于没有特效药解救，宜马上就医，并提供误食之原药。

二、诱杀法

物理机械防治的主要措施之一为诱杀法，是利用害虫的趋性或其他习性诱集并杀灭害虫。常用方法有以下几种。

（一）灯光诱杀

利用害虫的趋光性，采用黑光灯、双色灯或高压汞灯，结合诱集箱、水坑或高压电网诱杀害虫的方法。大多数害虫的视觉特性对波长330～400纳米的短光波紫外光特别敏感，黑光灯是一种能辐射出360纳米紫外光的电光源，因而诱虫效果很好。黑光灯可诱集700多种昆虫，在大田作物害虫中，尤其对夜蛾类、螟蛾类、天蛾类、尺蛾类、灯蛾类、金龟甲类、蝼蛄类、叶蝉类等诱集力更强。

目前，生产上所推广应用的另一种光源是频振式杀虫灯，该灯的杀虫机理是运用光、波、色、味四种诱杀方式杀灭害虫。近距离用光，远距离用波，加以黄色外壳和气味，引诱害虫成虫扑灯，外配以频振高压电网触杀，可将成虫消灭在产卵以前，从而减少害虫基数、控制害虫为害作物。可广泛用于农、林、蔬菜、烟草、仓储、酒业酿造、园林、果园、城镇绿化、水产养殖等，对为害作物的多种害虫，如斜纹夜蛾、银纹夜蛾、烟青虫、稻飞虱、蝼蛄等都有较强的杀灭作用。

（二）色彩板诱杀

利用害虫的趋色彩性，研究各种色彩板诱杀一些“好色”性害虫，常用的有黄板和蓝板。如利用有翅蚜虫、白粉虱、斑潜蝇等对黄色的趋性，可在田间采用黄色黏胶板或黄色水皿进行诱杀。利用蓝板可诱杀蓟马、种蝇等。

（三）食饵诱杀

利用害虫对食物的趋化性，通过配制合适的食饵来诱杀害虫。如用糖酒醋液可以诱杀小地老虎和黏虫成虫，利用新鲜马粪可诱杀蝼蛄等。

（四）汰选法

健全种子与被害种子在形态、大小、比重上存在着明显的区别，因此，可将健全种子与被害种子进行分离，剔除带有病虫的种子。可通过手选、筛选、风选、盐水选等方法进行汰选。例如，油菜播种前，用10%NaCl溶液选种，用清水冲洗干净后播种，可减轻油菜菌核病的发病率。

（五）阻隔法

根据害虫的生活习性和扩散行为，设置物理性障碍，阻止其活动、蔓延，防止害虫为害的措施。如在设施农业中利用适宜孔径的防虫网覆盖温室和塑料大棚，以人工构建的屏障，防止害虫侵害温室花卉和蔬菜，从而有效控制各类害虫，如蚜虫、跳甲、甜菜夜蛾、美洲斑潜蝇、斜纹夜蛾等的为害。又如果园果实套袋，可以阻止多种食心虫在果实上产卵，防止病虫侵害水果。

此外，还可用温度控制、缺氧窒息、高频电流、超声波、激光、原子能辐射等物理防治技术防治病虫。

第四节　化学防治

一、病害化学防治原理

植物由于遭受其他生物的浸染或不良环境条件的影响，使其不能正常生长发育甚至死亡，并对农业生产造成损失的现象，称为植物病害。植物病害分为两类：非侵染性病害（生理病害）和侵染性病害。

（一）非侵染性病害与侵染性病害

非侵染性病害：其发生是因为土壤、气候及栽培条件的不适而引起。如缺乏营养、水分失调、高温干旱、低温冷冻都可产生非侵染性病害。非侵染性病害往往成片发生，在镜检下不能发现病原物也不会发生相互侵染。

侵染性病害：是由病原物引起，病原物主要有五大类：真菌、细菌、病毒、线虫及寄生性种子植物。

真菌病原物约占植物病害的 80%，是最重要的病原物，其营养体为菌丝体，繁殖体大多为孢子。细菌为单细胞生物，绝大多数为异养或营腐生生活。植物病原菌都是杆状侵入途径主要是通过伤口或自然气孔，不能通过角质层和表皮直接侵入。病毒是一类非细胞形的大分子，单个病毒粒子只有在电子显微镜下才能看清楚。病毒只能通过机械或昆虫介体造成的伤口侵入活的细胞。线虫是一类低等线形动物，几乎所有农作物都遭线虫为害，以土壤中的植物线虫为主。寄生性种子植物主要有列当和兔丝子。对于以上五类病原物的化学防治，真菌、细菌用杀虫剂；病毒因受蚜虫、蓟马及螨类的传播，在用杀菌剂的同时还要用杀虫剂；线虫用杀虫剂和杀菌剂；寄生性种子植物用除草剂。

（二）作物的病状与病症

作物病状类型：变色、坏死、腐烂、萎蔫、畸形。

作物病症类型：霉状物、粉状物、锈状物、粒状物、丝状物和脓状物。

根据以上症状和病症可诊断植物病害的类型：真菌性病害：有霉状物，按其颜色分别有青霉、黑霉、灰霉和赤霉；有粉状物，通常为咻粉和白粉；有粒状物，在生病部位有褐色或黑褐色小颗粒；有丝状物为癌肿。细菌性病害有脓状物，是细菌侵入后特有的症状。脓状物多为乳白色或黄白色，胶黏状。症状上表现为组织坏死，主要是叶斑或叶枯；腐烂，表现为快根块茎腐烂；畸形，由侵染维管束的细菌引起，一般是全株性的，常见的有瘿瘤、毛根。病毒性病害主要是变色，以花叶和黄化最常见，坏死叶片上形成各种坏死斑；畸形、小叶、小果、缩根、肿瘤及矮化。线虫病害主要表现为根腐、丛根、根生结节和全株枯萎、叶色变淡。

（三）杀菌剂的类型

针对不同类型的病害，要选择相应的杀菌剂及早防治。杀菌剂按其作用可分为 3 类：保护性杀菌剂、治疗型杀菌剂和免疫型杀菌剂。保护性杀菌剂能够在病原菌侵入寄主植物前杀死或抑制病菌发展。治疗型杀菌剂是指能够渗入或被植物吸收到体内，作用于侵入的病原物，使芽管或菌丝不能继续生长。这类杀菌剂具有内吸和传导作用，施在作物表面也有保护作用。免疫型杀菌剂是一种施用后能够提高作物能力对病原菌抵抗能力的化学药剂。杀菌剂种类繁多，应该根据作物病害的类型，按照农药标签上所标注的适用作物和防治对象，选择高效经济的杀菌剂。

二、草害化学防治原理

杂草是指非人们有意识栽培的草本植物。凡生长不得其所的植物体从栽培学的意义上讲都可称为杂草。杂草对农业生产的为害极大，它与作物争夺地面和空间，争夺水分、养分、光照，使作物生长发育不良，降低产量和品质。许多杂草还是作物病虫害的中间寄主，造成病虫害传播蔓延。有些杂草还直接威胁人畜健康及生命，如毒麦混入小麦磨成的面粉，人吃后引起中毒；豚草花粉引起呼吸道疾病等。因此，在作物生产过程中，要及时防除杂草。

模块三　主要农作物病虫草害识别与防治技术

第一节　水　稻

一、水稻白叶枯病

水稻白叶枯病又称白叶瘟、茅草瘟、地火烧等。我国各稻区均有发生，是水稻的主要病害。对产量影响较大，秕谷和碎米多，减产达 20%～30%，重的可达 50%～60%，甚至颗粒无收。

（一）症状

其症状因病菌侵入部位、品种抗病性、环境条件有较大差异，常见分 2 种类型。

（1）叶缘型。是一种慢性症状，先从叶缘或叶尖开始发病，发现暗绿色水渍状短线病斑，最后粳稻上的病斑变灰白色，籼稻上为橙黄色或黄褐色，病健明显（图 3－1）。

（2）青枯型。是一种急性症状。植株感病后，尤其是茎基部或根部受伤而感病，叶片呈现失水青枯，没有明显的病斑边缘，往往是全叶青枯；病部青灰色或绿色，叶片边缘略有皱缩或卷曲（图 3－2）。

在潮湿后早晨有露水情况下，病部表面均有蜜黄色黏性露珠状的菌脓，干燥后如鱼子状小颗粒，易脱落。在病健交界处剪下一小块病组织放在载玻片上，滴上一滴清水，再用一盖玻片夹紧，约1分钟后对光看，如切口有云雾状雾喷出，即为白叶枯病。也可剪一段6厘米长病叶，插入盛有清水的容器中一昼夜，上端切口如有淡黄色浑浊的水珠溢出，即为白叶病。

图3-1　水稻白叶枯病为害叶片症状

图3-2　水稻白叶枯病田间为害症状

（二）发病原因

高温高湿、多露、台风、暴雨是病害流行条件，稻区长期积水、氮肥过多、生长过旺、土壤酸性都有利于病害发生。一般中稻发病重于晚稻，籼稻重于粳稻。矮秆阔叶品种重于高秆窄叶品种，不耐肥品种重于耐肥品种。水稻在幼穗分化期和孕期易感病。

（三）传播途径

带菌种子、带病稻草和残留田间的病株稻桩是主要初侵染源。李氏禾等田边杂草也能传病。细菌在种子内越冬，播后由叶片水孔、伤口侵入，形成中心病株，病株上分泌带菌的黄色小球，借风雨、露水、灌水、昆虫、人为等因素传播。病菌借灌溉水、风雨传播距离较远，低洼积水、雨涝以及漫灌可引起连片发病。晨露未干时病田内操作会造成带菌扩散。

（四）防治方法

（1）选用适合当地的2～3个主栽抗病品种。

（2）加强植物检疫，不从病区引种，必须引种时，用1%石灰水或80%402抗菌剂2 000倍液浸种2天或50倍液的福尔马林浸种3小时，再闷种12小时，洗净后再催芽。

(3) 种子处理。播前用50倍液的福尔马林浸种3小时，再闷种12小时，洗净后再催芽。也可选用浸种灵乳油2毫升，加水10～12升，充分搅匀后浸稻种6～8千克，浸种36小时后催芽播种。

(4) 清理病田稻草残渣，病稻草不直接还田，尽可能防止病稻草上的病原菌传入秧田和本田。搞好秧田管理，培育无病状秧。选好秧田位置，严防淹苗。秧田应选择地势高，无病，排灌方便，远离稻草堆、打谷场和晒场地，连作晚稻秧田还应远离早稻病田。防止串灌、漫灌和长期深水灌溉。防止过多偏施氮肥，还要配施磷、钾肥。

(5) 药剂防治。老病区在台风暴雨来临前或过境后，对病田或感病品种立即全面喷药1次，特别是洪涝淹水的田块。用药次数根据病情发展情况和气候条件决定，一般间隔7～10天喷1次，发病早的喷2次，发病迟的喷1次。每亩用20%叶青双可湿性粉剂100克，70%叶枯净（又称杀枯净）胶悬剂100～150克，或用25%叶枯宁可湿性粉剂100克，或用10%氯霉素可湿性粉剂100克，或用50%代森铵100克（抽穗后不能用），或用25%消菌灵可湿性粉剂40克，或用15%消菌灵200克，以上药剂加水50升喷雾。

二、水稻普通矮缩病

水稻普通矮缩病又称水稻矮缩病、普矮、青矮等。是由水稻普通矮缩病毒经多种叶蝉传毒的病毒病害。主要分布在南方稻区。

(一) 症状

水稻在苗期至分蘖期感病后，植株矮缩，分蘖增多，叶片浓绿，僵直，生长后期病稻不能抽穗结实。病叶症状表现为两种类型。白点型在叶片上或叶鞘上出现与叶脉平行的虚线状黄白色点条斑，以基部最明显。始病叶以上新叶都出现点条，以下老叶一般不出现。扭曲型在光照不足情况下，心叶抽出呈扭曲状，随心叶伸展，叶片边缘出现波状缺刻，色泽淡黄。孕穗期发病，多在剑叶叶片和叶鞘上出现白色点条，穗颈缩短，形成包颈或半包颈穗。（图 3－3、图 3－4）

图 3－3　水稻普通矮缩病为害叶片症状

图 3－4　水稻普通矮缩病田间为害症状

（二）发病原因

带毒虫量是影响该病发生的主要因子。水稻在分蘖期前较易感病。冬春暖、伏秋旱利于发病。稻苗嫩，虫源多发病重。

（三）传播途径

该病毒可由黑尾叶蝉、二条黑尾叶蝉和电光叶蝉传播。以黑尾叶蝉为主。带菌叶蝉能终身传毒，可经卵传染。黑尾叶蝉在病稻上吸汁最短获毒时间 5 分钟。获毒后需经一段循回期才能传毒，苗期至分蘖期感病的潜育期短，以后随龄期增长而延长。病毒在黑尾叶蝉体内越冬，黑尾叶蝉在看麦娘上以若虫形态越冬，翌春羽化迁回稻田为害，早稻收割后，迁至晚稻上为害，晚稻收获后，迁至看麦娘、冬稻等 38 种禾本科植物上越冬。

(四) 防治方法

(1) 选用抗（耐）病品种如国际26等。

(2) 要成片种植，防止叶蝉在早、晚稻和不同熟性品种上传毒。早稻早收，避免虫源迁入晚稻。收割时要背向晚稻。

(3) 加强管理，促进稻苗早发，提高抗病能力。

(4) 推广化学除草，消灭看麦娘等杂草，压低越冬虫源。

(5) 治虫防病。及时防治在稻田繁殖的第1代若虫，并要抓住黑尾叶蝉迁飞双季晚稻秧田和本田的高峰期，把虫源消灭在传毒之前。可选用25%噻嗪酮可湿性粉剂，每亩225克或35%速虱净乳油100毫升、25%速灭威可湿性粉剂100克，对水50升喷洒，隔3～5天1次，连防1～3次。

三、水稻稻曲病

稻曲病又称伪黑穗病，多发生在水稻收成好的年份，农民误认为是丰年征兆，故有"丰收果"俗称。此病在世界大多数稻区都有发生，20世纪70年代以来，随着新品种的引进，杂交稻的发展和施肥水平提高，此病发生有逐年上升之势，不少地方造成较大损失。另外，由于其病粒有毒，若用作饲料，含量达0.5%以上时，会引起禽畜慢性中毒，内脏发生病变甚至死亡。

(一) 症状

该病只发生于穗部，为害部分谷粒。受害谷粒内形成菌丝块渐膨大，内外颖裂开，露出淡黄色块状物，即孢子座，后包于内外颖两侧，呈黑绿色，初外包一层薄膜，后破裂，散生墨绿色粉末，即病菌的厚垣孢子，有的两侧生黑色扁平菌核，风吹雨打易脱落。河北省、长江流域及南方各省稻区时有发生（图3-5、图3-6）。

(二) 发病原因

在影响发病的诸因素中，以品种、施肥和天气条件为明显。

图3-5 水稻稻曲病为害穗粒症状

图3-6 水稻稻曲病田间为害症状

幼穗形成至孕穗期如天气温暖多湿；偏施氮肥，后期稻株“贪青”；密穗型的品种皆有利发病；杂交稻比常规稻发病重。

（三）传播途径

病菌以落入土中菌核或附于种子上的厚垣孢子越冬。翌年菌核萌发产生厚垣孢子，由厚垣孢子再生小孢子及子囊孢子进行初侵染。气温24～32℃病菌发育良好，26～28℃最适，低于12℃或高于36℃不能生长，稻曲病侵染的时期和方式，众说不一，多数认为在水稻孕穗至开花期侵染为主，有的认为厚垣孢子萌发侵入幼芽，随植株生长侵入花器为害，造成谷粒发病形成稻曲。

（四）防治方法

（1）选用抗病品种，如南方稻区的广二104、选271、汕优36、扬稻3号、滇粳40号等。北方稻区有京稻选1号、沈农514、丰锦、辽粳10号等发病轻。

（2）避免病田留种，深耕翻埋菌核。发病时摘除并销毁病粒。

（3）改进施肥技术，基肥要足，慎用穗肥，采用配方施肥。浅水勤灌，后期见干见湿。

（4）药剂防治。用2%福尔马林或0.5%硫酸铜浸种3～5小时，然后闷种12小时，用清水冲洗催芽。抽穗前用18%多菌酮粉剂150～200克对水50升喷洒。此外也可用50%DT可湿性粉剂100～150克，对水60～75升，于孕穗期和始穗期各防治一次，效果良好。

四、水稻烂秧病

水稻烂秧病在我国各水稻产区均有不同程度的发生，尤以长江以南各稻区的早稻育秧发生普遍，严重时可造成秧苗不足，打乱品种布局，延误农时，以致影响当季和下季产量。水稻烂秧是种子、幼芽和幼苗在秧田期死亡（即烂种、烂芽和死苗）的总称，可分为生理性和传染性两大类。

（一）症状

（1）烂种指播种时已丧失发芽力的种子，烂种多属不良环境引起的生理性病害。

（2）烂芽指芽谷播种以后至不完全叶伸出（冒青）期间的根、芽死亡现象。烂芽可分为生理性和传染性两种。①生理性烂芽：比较常见的类型有淤籽、露籽、晓脚、倒芽、钓鱼钩和黑根。②传染性烂芽：又分绵腐型和立枯型。

（3）死苗指第一叶完全展开以后的幼苗死亡。在早稻2～3叶时期常发生，以旱育秧最为严重，湿润育秧次之，水育秧较少。①青枯型：死苗的病株最初为叶尖停止吐水，后心叶突然萎蔫，卷成筒状，随后下叶很快失水萎蔫，全株呈污绿色枯死，群众称为“卷零死”。病株根系色泽变暗，根毛稀少。②黄柏型：死苗则从下部叶片开始，先由叶尖向叶基逐渐变黄色。再从下部叶片向上延及心叶，最后茎基部变褐软化，全株呈黄褐色枯死，群众称为“剥皮死”。病株根系变暗色，根毛稀少（图3-7、图3-8）。

（二）发病原因

生产上低温缺氧易引致发病，寒流、低温阴雨、秧田水深、有机肥未腐熟等条件有利发病。烂种多由储藏期受潮、浸种不

图 3－7　水稻烂秧病初期为害症状

图 3－8　水稻烂秧病后期为害症状

透、换水不勤、催芽温度过高或长时间过低所致。烂芽多因秧田水深缺氧或暴热、高温烫芽等引发。青、黄苗枯一般是由于在三叶左右缺水而造成的，如遇低温袭击，或冷后暴晴则加快秧苗死亡。

（三）传播途径

引致水稻烂秧造成立枯和绵腐的病原真菌，均属土壤真菌。能在土壤中长期营腐生生活。镰刀菌多以菌丝和厚垣孢子在多种寄主的残体上或土壤中越冬，条件适宜时产生分生孢子，借气流传播。丝核菌以菌丝和菌核在寄主腐残体或土壤中越冬，靠菌丝在幼苗间蔓延传播。至于腐霉菌普遍存在，以菌丝或卵孢子在土壤中越冬，条件适宜时产生游动孢子囊，游动孢子借水流传播。

水稻绵腐菌、腐霉菌寄主性弱，只在稻种有伤口，如种子破损、催芽热伤及冻害情况下，病菌才能侵入种子或幼苗，后孢子随水流扩散传播，遇有寒潮可造成毁灭性损失。其病因先是冻害或伤害，以后才演变成侵染性病害，第二病原才是绵腐、腐霉等真菌。在这里冻害和伤害是第一病因，在植物病态出现以前就持续存在，多数非侵染病害终会演变为侵染性病害，病三角中外界因素往往是第一病因，病原物是第二病原。但是，真菌的为害也是明显的，低温烂秧与绵腐病的症状区别是明显的。生产上防治此类病害，应考虑两种病因，即将外界环境条件和病原菌同时考虑，才能收到明显的防效。

（四）防治方法

应以提高育秧技术、改善环境条件、增强稻苗抗病力为重点，适时进行药剂防治。

（1）提高秧田质量。秧田位置应选择肥力中等，避风向阳，排灌方便而地势较高的地方。

（2）精选稻谷。种谷要纯、净、健壮，成熟度高。浸种前晒种 1～2 天，降低种子含水量。

（3）提高浸种催芽技术。浸种要浸透，催芽过程中使水分、温度、氧气三者关系协调。

（4）掌握播种质量。根据品种特性，确定播种适期、播种量和秧龄。

（5）科学管理。芽期保持畦面湿润，不能过早上水，以保证扎根的需氧和防止芽鞘徒长。

（6）合理施肥。秧田施足基肥，追肥少量多次，应提高磷钾肥的比例。

（7）药剂防治。①土壤消毒：绿亨一号用于旱育秧、水育秧和塑料软盘育秧土壤的消毒，是防治烂秧的最佳药剂之一。②对老秧田或灌溉污水的秧田，宜在发病前或发病前期用绿亨二号对水 800～1 000 倍喷雾，同时可兼治及预防水稻苗叶瘟病、水稻纹枯病、水稻恶苗病的发生和流行。

五、中华稻蝗

中华稻蝗（*Oxya chinensis*）国内各稻区均有分布。在我国中部和北部稻区迅速回升，不少稻区（如东北稻区）暴发成灾。

（一）症状

（二）形态特征

成虫雄体长 15～33 毫米，雌虫 19～40 毫米，黄绿、褐绿、绿色，前翅前缘绿色，余淡褐色，头宽大，卵圆形，头顶向前伸，颜面隆起宽，两侧缘近平行，具纵沟。复眼卵圆形，触角丝状，前胸背板后横沟位于中部之后，前胸腹板突圆锥形，略向后倾斜，翅长超过后足腿节末端。雄虫尾端近圆锥形，肛上板短三角形，平滑无侧沟，顶端呈锐角。雌虫腹部第2～3节背板侧面的后下角呈刺状，有的第3节不明显。产卵瓣长，上下瓣大，外缘具细齿。卵长约3.5毫米，宽1毫米，长圆筒形，中间略弯，深黄色，胶质卵囊褐色，包在卵外面，囊内含卵10～100粒，多为30粒左右，斜列2纵行。若虫5～6龄，少数7龄。1龄灰绿色，头大高举，无翅芽，触角13节；2龄绿色，头胸侧的黑褐色纵纹开始显现，触角14～17节；3龄浅绿色，头胸两侧黑褐色纵纹明显，沿背中线淡色中带明显，触角18～19节，微露翅芽；4龄翅芽呈三角形，长未达腹部第一节，触角20～22节；末龄翅芽超过腹部第3节，触角23～29节。

（三）发病原因

浙江、湖南以北年生1代，以南2代，各地均以卵块在田埂、荒滩、堤坝等土中1.5～4厘米深处或杂草根际、稻茬株间越冬。广州3月下旬至4月上旬越冬卵孵化，南昌5月上中旬，湖北汉川5月中下旬，北京6月上旬，吉林省公主岭7月上中旬；广州6月上中旬羽化，南昌7月上中旬，汉川7月中下旬，北京8月上中旬，公主岭为8月中下旬羽化。二代区二代成虫多在9月羽化，各地大体相同。成虫寿命59～113天，产卵前期25～65天，一代区卵期6个月，二代区第一代3～5个月，第二代近1个月，若虫期42～55天，长者80天。喜在早晨羽化，羽化后15～45天开始交配，一生可交配多次，夜晚闷热时有扑灯习性。卵成块产在土下，田埂上居多，每雌产卵1～3块。初孵若虫先取食杂草，3龄后扩散为害茭白、水稻或豆类等。天敌有蜻蜓、螳螂、青蛙、蜘蛛、鸟类。

（四）防治方法

（1）稻蝗喜在田埂、地头、渠旁产卵。发生重的地区组织人力铲埂、翻埂杀灭蝗卵，具明显效果。

（2）保护青蛙、蟾蜍，可有效抑制该虫发生。

（3）抓住3龄前稻蝗群集在田埂、地边、渠旁取食杂草嫩叶特点，突击防治，当进入3～4龄后常转入大田，当百株有虫10头以上时，应及时喷洒50%辛硫磷乳油或50%马拉硫磷乳油或20%氰戊菊酯乳油、2.5%功夫菊酯乳油2 000～3 000倍液、40%乐果乳油1 000倍液、2.5%氯氰灵乳油1 000～2 000倍液。均可取得较好防治效果。

第二节　小　麦

一、小麦锈病

小麦锈病分条锈病、叶锈病和秆锈病3种，是我国小麦生产上发生面积广、为害最严重的一类病害。条锈病主要为害小麦。叶锈病一般只侵染小麦。秆锈病小麦变种除侵染小麦外，还侵染大麦和一些禾本科杂草。

（一）症状

（1）小麦条锈病。发病部位主要是叶片，叶鞘、茎秆和穗部也可发病。初期在病部出现褪绿斑点，以后形成鲜黄色的粉疱，即夏孢子堆。夏孢子堆较小，长椭圆形，与叶脉平行排列成条状。后期长出黑色、狭长形、埋伏于表皮下的条状疱斑，即冬孢子堆（图3－9、图3－10）。

（2）小麦叶锈病。发病初期出现褪绿斑，以后出现红褐色粉疱（夏孢子堆）。夏孢子堆较小，橙褐色，在叶片上不规则散生。后期在叶背面和茎秆上长出黑色阔椭圆形至长椭圆形、埋于表皮下的冬孢子堆，其有依麦秆纵向排列的趋向（图3－11、

图 3-9　小麦条锈病初期症状

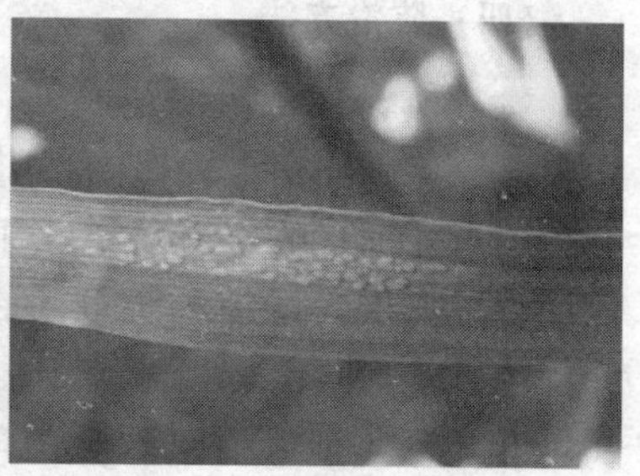

图 3-10　小麦条锈病严重为害症状

图 3-12)。

图 3-11　小麦叶锈病初期症状

图 3-12　小麦叶锈病严重为害症状

(3) 小麦秆锈病。为害部位以茎秆和叶鞘为主，也为害叶片和穗部。夏孢子堆较大，长椭圆形至狭长形，红褐色，不规则散生，常全成大斑，孢子堆周围表皮撕裂翻起，夏孢子可穿透叶片。后期病部长出黑色椭圆形至狭长形、散生、突破表皮、呈粉疱状的冬孢子堆（图 3-13)。

3 种锈病症状可根据其夏孢子堆和各孢子堆的形状、大小、颜色、着生部位和排列来区分。群众形象地区分 3 种锈病说："条锈成行，叶锈乱，秆锈成个大红斑。"

图 3－13　小麦秆锈病为害症状

（二）发病原因

叶锈病菌对环境的适应性较强，夏孢子萌发和侵入的最适温度为 15～20℃，潜育适温为 18～22℃，适温下潜育期为 5～7 天。叶锈菌对湿度的要求不很严格，夏孢子在相对湿度 95％时即可萌发。

条锈病菌耐寒力强，其发育与侵入所要求的温度均较低。菌丝生长和夏孢子形成的最适温度为 10～15℃，萌发最适温度为10～12℃，最低 0℃，最高 32℃；病菌对高温的抵抗能力很弱，夏孢子在 36℃下经 2 天即失去活力，且在高温条件下，空气湿度越大，死亡越快。此外，高温下形成的夏孢子萌发率低，如 25℃以上形成的夏孢子，在蒸馏水中需 6～8 小时才萌发，且萌发率不超过 30％，而在 20℃以下形成的夏孢子，4 小时后即可萌发，萌发率高达 80％以上。

菌丝体发育和夏孢子形成的最适温度为 20～25℃，夏孢子萌发和侵入的适宜温度为 18～22℃。自然条件下，侵入的最低温度为旬均温度 10℃。夏孢子不耐低温，在东北和内蒙古等冬季寒冷的地区不能越冬。病害潜育期的长短与温度有关。

（三）传播途径

叶锈病菌越夏和越冬的地区较广，我国大部分麦区小麦收获后，病菌转移到自生麦苗上越夏，冬麦秋播出土后，病菌从自生麦苗转移到秋苗为害、越冬。晚播小麦的秋苗上，病菌侵入较迟，以菌丝体潜伏在叶组织内越冬。冬季寒冷地区，秋苗易被冻死，病菌的越冬率很低；冬季较温暖地区，病菌越冬率较高。同一地区病菌越冬率的高低，与翌春病害流行程度呈正相关。小麦返青后，旬平均温度稳定在10℃以后，病菌侵入新生叶片。叶锈病菌从气孔侵入，病菌侵入后，形成夏孢子堆和夏孢子，进行再侵染。

条锈病菌为活体营养生物，病菌冬孢子在病害循环中不起作用，而是依靠夏孢子完成病害循环，但夏孢子又不能脱离寄主而长期存活，因此，病菌在病害循环的各个阶段均离不开其寄主，必须依赖于其寄主的存在才能完成病害循环。

(四) 防治方法

(1) 选用抗（耐）锈病丰产良种。

(2) 加强栽培管理，提高植株抗病力。

(3) 调节播种期。适当晚播，不宜过早播种。及时灌水和排水。小麦发生锈病后，适当增加灌水次数，可以减轻损失。合理、均匀施肥，避免过多使用氮肥。

(4) 药剂防治。播种时可用15%的粉锈宁可湿性粉剂拌种，用量为种子重量的0.1%～0.3%。还可兼治白粉病、腥黑穗病、散黑穗病、全蚀病等，于发病初期喷洒20%三唑酮乳油1 000倍液或15%烯唑醇可湿性粉剂1 000倍液，可兼治条锈病、秆锈病和白粉病，隔10～20天1次，防治1～2次。

二、小麦叶枯病

小麦叶枯病主要在黄淮平原、长江中下游，以及甘肃、青海等省，各冬春麦区有不同程度发生，叶片光和功能下降。严重发生时叶片黄枯，不能正常灌浆结实，千粒重下降。

(一) 症状

主要为害叶片和叶鞘，有时也为害穗部和茎秆。在叶片上最初出现卵圆形浅绿色病斑，以后逐渐扩展成不规则形大块黄色病斑。病斑上散生黑色小粒，即病菌的分生孢子器。一般先由下部叶片发病，逐渐向上发展。在晚秋或早春，病菌侵入寄主根冠，则下部叶片枯死，致使植株衰弱，甚至死亡。茎秆和穗部的病斑不太明显，比叶部病斑小得多（图 3－14、图 3－15、图 3－16）。

图 3－14　小麦叶枯病为害初期症状

图 3－15　小麦叶枯病为害中期症状

图 3－16　小麦叶枯病严重为害症状

（二）发病原因

叶枯病菌喜低温、高湿气候。如夜间温度在 8～10℃，有小雨时，传播较快，容易发生和流行。偏施氮肥，植株茂密，通风透光不良，麦田发病重。一般矮秆早熟品种易发病，春性品种较冬性品种发病重。

（三）传播途径

病原菌以菌丝或分生孢子器在病株残体上，或在种子上越夏、越冬。第二年春季环境条件适宜时，产生分生孢子借风雨传播，进行初侵染。病菌在种子上越夏时，秋季初次侵染麦苗，以菌丝体在病株上越冬。病株上产生分生孢子，进行传播再侵染。

（四）防治方法

（1）选用抗病耐病良种。

（2）深翻灭茬。清除病残体，消灭自生麦苗。

（3）农家肥高温堆沤后施用。重病田可考虑轮作。

（4）在小麦扬花至灌浆期用15％粉锈宁可湿性粉剂50～60克，对水喷雾，兼治锈病、白粉病，另外对赤霉病防效显著。

三、小麦赤霉病

小麦赤霉病别名麦穗枯、烂麦头、红麦头，是小麦的主要病害之一。小麦赤霉病在全世界普遍发生，但以长江中、下游冬麦区流行频率高、损失大。近年来，在华北麦区有明显发展趋势。潮湿和半潮湿区域受害严重。从幼苗到抽穗都可受害，主要引起苗枯、茎基腐、秆腐和穗腐，其中，为害最严重的是穗腐。大流行年份病穗率达50％～100％，减产10％～40％。

（一）症状

自幼苗至抽穗期均可发生，引起苗枯、茎腐和穗腐等。

（1）穗腐初在小穗颖片上出现水浸状病斑，逐渐扩大至整个小穗和穗子，严重时整个小穗或穗子后期全部枯死，呈灰褐色。田间潮湿时，病部产生粉红色胶质霉层，后期穗部出现黑色小颗粒，即子囊壳。

（2）苗枯在幼苗的芽鞘和根鞘上呈黄褐色水浸状腐烂，严重时全苗枯死，病残苗上有粉红色菌丝体。

（3）茎腐发病初期，茎基部呈褐色，后变软腐烂，植株枯萎，在病部产生粉红色霉层（图 3－17、图 3－18、图 3－19、图 3－20）。

图 3－17　小麦赤霉病为害穗部症状

图 3－18　小麦赤霉病田间轻度为害症状

图 3－19　小麦赤霉病田间严重为害症状

图 3－20　小麦赤霉病为害籽粒症状

（二）发病原因

春季气温 7℃以上，土壤含水量大于 50%形成子囊壳，气温高于 12℃形成子囊孢子。在降雨或空气潮湿的情况下，子囊孢子成熟并散落在花药上，经花丝侵染小穗发病。迟熟、颖壳较厚、不耐肥品种发病较重；田间病残体菌量大发病重；地势低洼、排水不良、黏重土壤，偏施氮肥、密度大，田间郁闭发病重。

（三）传播途径

中国中、南部稻麦两作区，病菌除在病残体上越夏外，还在水稻、玉米、棉花等多种作物病残体中营腐生生活越冬。翌年在这些病残体上形成的子囊壳是主要侵染源。子囊孢子成熟正值小麦扬花期。借气流、风雨传播，溅落在花器凋萎的花药上萌发，先营腐生生活，然后侵染小穗，几天后产生大量粉红色霉层（病菌分生孢子）。在开花至盛花期侵染率最高。穗腐形成的分生孢子对本田再侵染作用不大，但对邻近晚麦侵染作用较大。该菌还能以菌丝体在病种子内越夏、越冬。

在中国北部、东北部麦区，病菌能在麦株残体、带病种子和其他植物如稗草、玉米、大豆、红蓼等残体上以菌丝体或子囊壳越冬。在北方冬麦区则以菌丝体在小麦、玉米穗轴上越夏越冬，次年条件适宜时产生子囊壳放射出子囊孢子进行侵染。赤霉病主要通过风雨传播，雨水作用较大。

（四）防治方法

（1）选用抗病种。

（2）深耕灭茬，清洁田园，消灭菌源。

（3）开沟排水，降低田间湿度。

（4）小麦抽穗至盛花期，每亩用40％多菌灵胶悬剂100克或70％甲基托布津可湿粉剂75～100克，对水60千克喷雾，如扬花期连续下雨，第一次用药7天后再用药1次。

四、小麦丛矮病

小麦丛矮病在我国分布较广，许多省市均有发病。20世纪60年代在西北及山东即形成为害，有的省低发病的年份在5％左右，大发生年达50％以上，个别田块颗粒无收。暴发成灾时有的县城可绝收和毁种的达千亩。小麦丛矮病主要为害小麦，由北方禾谷花叶病毒引起。小麦、大麦等是病毒主要越冬寄主。

(一) 症状

染病植株上部叶片有黄绿相间条纹，分蘖增多，植株矮缩，呈丛矮状。冬小麦播后20天即可显症，最初症状心叶有黄白色相间断续的虚线条，后发展为不均匀黄绿条纹，分蘖明显增多。冬前染病株大部分不能越冬而死亡，轻病株返青后分蘖继续增多，生长细弱，叶部仍有黄绿相间条纹，病株矮化。一般不能拔节和抽穗。冬前未显症和早春感病的植株在返青期和拔节期陆续显症，心叶有条纹，与冬前显症病株比，叶色较浓绿，茎秆稍粗壮，拔节后染病植株只有上部叶片显条纹，能抽穗的籽粒秕瘦（图3-21、图3-22）。

图3-21　小麦丛矮病苗期症状

图3-22　小麦丛矮病穗期为害症状

(二) 发病原因

小麦对丛矮病感病程度及损失的轻重，依感病生育期的不同而异。苗龄越小，越易感病。小麦出苗后至三叶期感病的植株，越冬前绝大多数死亡；分蘖期感病的病株，病情及损失均很严重，基本无收；返青期感病的损失达46.6%；拔节期感病的虽受害较轻，损失也有32.9%；孕穗期基本不发病。套作麦田有利灰飞虱迁飞繁殖，发病重；冬麦早播发病重；邻近草坡、杂草丛生麦田病重；夏秋多雨、冬暖春寒年份发病重。

(三) 传播途径

小麦丛矮病毒不经汁液、种子和土壤传播，主要由灰飞虱传毒。灰飞虱吸食后，需经一段循回期才能传毒。日均温26.7℃，平均10～15天，20℃时平均15.5天。1～2龄若虫易得毒，而成虫传毒能力最强。最短获毒期12小时，最短传毒时间20分钟。获毒率及传毒率随吸食时间延长而提高。一旦获毒可终生带毒，但不经卵传递。病毒随带毒若虫且在其体内越冬。冬麦区灰飞虱秋季从带病毒的越夏寄主上大量迁飞至麦田为害，造成早播秋苗发病。越冬带毒若虫在杂草根际或土缝中越冬，是翌年毒源，次年迁回麦苗为害。小麦成熟后，灰飞虱迁飞至自生麦苗、水稻等禾本科植物上越夏。

（四）防治方法

（1）清除杂草、消灭毒源。

（2）小麦平作，合理安排套作，避免与禾本科植物套作。

（3）精耕细作、消灭灰飞虱生存环境，压低毒源、虫源。适期连片播种，避免早播。麦田冬灌水保苗，减少灰飞虱越冬。小麦返青期早施肥水提高成穗率。

（4）药剂防治。用种子量0.3%的60%甲拌磷拌种堆闷12小时，防效显著。出苗后喷药保护，包括田边杂草也要喷洒，压低虫源，可选用40%氧化乐果乳油、50%马拉硫磷乳油或50%对硫磷乳油1 000～1 500倍液，也可用25%扑虱灵（噻嗪酮、优乐得）可湿性粉剂750～1 000倍液。小麦返青盛期也要及时防治灰飞虱，压低虫源。

五、麦蚜

麦蚜是小麦上的主要害虫之一，对小麦进行刺吸为害，影响小麦光合作用及营养吸收、传导。小麦抽穗后集中在穗部为害，形成秕粒，使千粒重降低造成减产。全世界各麦区均有发生。主要为害麦类和其他禾本科作物与杂草，若虫、成虫常大量群集在叶片、茎秆、穗部吸取汁液，被害处初呈黄色小斑，后为条斑，枯萎、整株变枯至死。

（一）症状

成、若蚜刺吸植物组织汁液，引致叶片变黄或发红，影响生长发育，严重时植株枯死。玉米蚜多群集在心叶，为害叶片时分泌蜜露，产生黑色霉状物。别于高粱蚜。在紧凑型玉米上主要为害雄花和上层1～5叶，下部叶受害轻，刺吸玉米的汁液，致叶片变黄枯死，常使叶面生霉变黑，影响光合作用，降低粒重，并传播病毒病造成减产。

（二）发病原因

无翅孤雌蚜体长卵形，长1.8～2.2毫米，活虫深绿色，披薄白粉，附肢黑色，复眼红褐色。腹部7节毛片黑色，第8节具背中横带，体表有网纹。触角、喙、足、腹管、尾片黑色。触角6节，长短于体长1/3。喙粗短，不达中足基节，端节为基宽1.7倍。腹管长圆筒形，端部收缩，腹管具覆瓦状纹。尾片圆锥状，具毛4～5根。有翅孤雌蚜长卵形，体长1.6～1.8毫米，头、胸黑色发亮，腹部黄红色至深绿色。触角6节比身体短。腹部2～4节各具1对大型缘斑，第6、第7节上有背中横带，8节中带贯通全节。其他特征与无翅型相似。卵椭圆形。

（三）传播途径

在长江流域年生20多代，冬季以成、若蚜在大麦心叶或以孤雌成、若蚜在禾本科植物上越冬。翌年3—4月开始活动为害，4—5月麦子黄熟期产生大量有翅迁移蚜，迁往春玉米、高粱、水稻田繁殖为害。该蚜虫终生营孤雌生殖，虫口数量增加很快。华北5—8月为害严重。高温干旱年份发生多。在江苏：玉米蚜苗期开始为害、6月中下旬玉米出苗后，有翅胎生雌蚜在玉米叶片背面为害，繁殖，虫口密度升高以后，逐渐向玉米上部蔓延，同时产生有翅胎生雌蚜向附近株上扩散，到玉米大喇叭口末期蚜量迅速增加，扬花期蚜量猛增，在玉米上部叶片和雄花上群集为害，条件适宜为害持续到9月中下旬玉米成熟前。

植株衰老后，气温下降，蚜量减少，后产生有翅蚜飞至越冬寄主上准备越冬。一般8—9月玉米生长中后期，均温低于28℃，适其繁殖，此间如遇干旱、旬降水量低于20毫米，易造成猖獗为害。天敌有异色瓢虫、七星瓢虫、龟纹瓢虫、食蚜蝇、草蛉和寄生蜂等。

（四）防治方法

（1）选择一些抗虫耐病的小麦品种，造成不良的食物条件。播种前用种衣剂加新高脂膜拌种，可驱避地下病虫，隔离病毒感染，不影响萌发吸胀功能，加强呼吸强度，提高种子发芽率。

（2）冬麦适当晚播，实行冬灌，早春耙耱镇压。作物生长期间，要根据作物需求施肥、给水，保证NPK和墒情匹配合理，以促进植株健壮生长。雨后应及时排水，防止湿气滞留。在孕穗期要喷施壮穗灵，强化作物生理机能，提高授粉、灌浆质量，增加千粒重，提高产量。

（3）药剂防治注意抓住防治适期和保护天敌的控制作用。麦二叉蚜要抓好秋苗期、返青和拔节期的防治；麦长管蚜以扬花末期防治最佳。小麦拔节后用药要打足水，每亩用水1 000～1 500ml才能打透。选择药剂有：40％乐果乳油2 000～3 000倍液或50％辛硫磷乳油2 000倍液，对水喷雾；每亩用50％辟蚜雾可湿性粉剂10克，对水50～60千克喷雾；用70％吡虫啉水分散粒剂2克500ml水或10％吡虫啉10克500ml水加2.5％功夫20～30毫升喷雾防治。

第三节 玉 米

一、玉米粗缩病

玉米粗缩病也称玉米条纹矮缩病，俗称“万年青”“君子兰”“坐坡”等，是由灰飞虱传播的病毒性病害。玉米粗缩病为害超过其他任何一种玉米病害，严重影响玉米产量。病株率一般10%～20%，严重的达40%～50%，玉米粗缩病是我国北方玉米生产区流行的重要病害。

（一）症状

玉米整个生育期都可感染发病，以苗期受害最重，5～6片叶即可显症，初期在心叶基部及中脉两侧产生透明的油浸状褪绿虚线条点，逐渐扩及整个叶片。病苗浓绿，叶片僵直，宽短而厚，心叶不能正常展开，病株生长迟缓、矮化叶片背部叶脉上产生蜡白色隆起条纹，用手触摸有明显的粗糙感，植株叶片宽短僵直，叶色浓绿，节间粗短，顶叶簇生状如君子兰。叶背、叶鞘及苞叶的叶脉上具有粗细不一的蜡白色条状突起，有明显的粗糙感。至9～10叶期，病株矮化现象更为明显，上部节间短缩粗肿，顶部叶片簇生，病株高度不到健株一半，多数不能抽穗结实，个别雄穗虽能抽出，但分枝极少，没有花粉。果穗畸形，花丝极少，植株严重矮化，雄穗退化，雌穗畸形，严重时不能结实（图3-23、图3-24）。

图3-23　玉米粗缩病轻度为害症状

图3-24　玉米粗缩病重度为害症状

（二）发病原因

（1）多种禾本科作物和杂草是玉米粗缩病的寄主植物。在生产中，杂草多、管理粗放的玉米田比管理精细、杂草少的发病重。前茬为小麦且丛矮病发生的地块发病重。

（2）播期不同发病程度差异显著。其发病轻重依次为：春播田重于麦套田，麦套田重于麦后直播田。春播玉米一般在5月上中旬播种，麦田套种玉米多在5月下旬播种，在玉米苗期恰逢第一代灰飞虱成虫迁飞盛期，即传播高峰期，而此时收麦后播种的玉米尚未出苗，则躲过了传播侵染高峰，这就是春播玉米和麦套玉米发生严重，而直播玉米发生较轻的原因。

（三）传播途径

该病由玉米粗缩病病毒（MRDV）通过灰飞虱传播，在北方玉米区，粗缩病毒可在冬小麦上越冬，也可在多年生禾本科杂草及传毒介体灰飞虱体内越冬。凡被灰飞虱为害过的麦田及杂草丛生的作物间套种田，都是该病毒的有效毒源。

（四）防治方法

（1）选用抗病品种，提倡连片种植，尽量做到播种期基本一致。

（2）改善耕作制度，重病区减少麦田套种玉米的面积。

（3）冬春季和玉米播种前后清除田间地头杂草，消灭传毒介体灰飞虱的越冬和繁殖的场所。

（4）调整播期，使玉米苗期避开灰飞虱迁飞盛期。

（5）合理施肥浇水，增施有机肥和磷钾肥，促进玉米健壮生长，缩短苗期时间，减少传毒机会，增强抗耐病害的能力。播种前用种衣剂包衣或用药剂拌种。

（6）玉米苗期喷施病毒抑制剂，如5%菌毒清水剂600倍液或20%盐酸吗啉胍可湿性粉剂800倍液等，发现病株拔除深埋，并喷施赤霉素等制剂，促进玉米快速生长。

二、玉米弯孢霉叶斑病

玉米弯孢霉叶斑病又称黄斑病，近年来发生呈上升趋势，该病为害日趋严重，目前已成为河北、河南、山东、山西、辽宁、吉林、北京、天津等玉米主产区的重要叶部病害。

（一）症状

玉米弯孢霉叶斑病主要为害叶片、叶鞘、苞叶。初生褪绿小斑点，逐渐扩展为圆形全椭圆形褪绿透明斑，中间枯白色至黄褐色，边缘暗褐色，四周有浅黄色晕圈，大小（0.5～4）毫米×（0.5～2）毫米，大的可达7毫米×3毫米。湿度大时，病斑正背两面均可见灰色分生孢子梗和分生孢子。该病症状变异较大，在有些自交系和杂交种上只生一些白色或褐色小点。可分为抗病型、中间型、感病型。抗病型病斑小，圆形、椭圆形或不规则形，中间灰白色至浅褐色，边缘外围具狭细半透明晕圈。中间型如E28，形状无异，中央灰白色或淡褐色，边缘具褐色环带，外围褪绿晕圈明显（图3-25、图3-26）。

图3-25　玉米弯孢霉叶斑病为害初期症状

图3-26　玉米弯孢霉叶斑病为害后期症状

（二）发病原因

玉米弯孢霉叶斑病对温度的要求类似于玉米小斑病，为喜高温高湿的病害。玉米拔节和抽雄期正值7月上旬雨季，高温多雨的天气有利于该病发生。该病又属成株期病害，品种抗病性随植株生长而减弱，表现在苗期抗性较强，13叶期最感病。在华北地区，田间发病始于7月底至8月初，发病高峰期在玉米抽雄后，即8月中下旬至9月上旬。由于该病潜育期短（2～

3天），7～10天即可完成一次侵染循环，短期内侵染源急剧增加，如遇高温、高湿，则在8月下旬导致田间病害流行。此外，低洼积水田和连作田发病较重。

（三）传播途径

病菌以菌丝体潜伏于病残体组织中越冬，也能以分生孢子状态越冬。靠近村头或秸秆垛的玉米植株首先发病，且发生严重，说明玉米秸秆所带病原菌是第二年玉米田间发病的主要初侵染来源；病菌也可为害水稻、高粱及禾本科杂草等，田间带菌杂草也是病害发生的初侵染源之一。病残体上越冬的菌丝体可产生分生孢子，借气流和雨水传播到田间玉米叶片上，在有水膜的情况下，分生孢子萌发侵入，经7～10天即可表现症状，并产生分生孢子进行再侵染。

（四）防治方法

（1）种植抗病品种。

（2）加强栽培管理。玉米与豆类、蔬菜等作物轮作倒茬；适当早播；收获后及时处理病残体；施足基肥，合理追肥。

（3）药剂防治。发病初期可用40%氟硅唑乳油8 000倍液，或用50%速克灵可湿性粉剂2 000倍液，或用12.5%烯唑醇可湿性粉剂2 000倍液，或用25%敌力脱乳油1 000倍液，或用80%大生可湿性粉剂1 000倍液等喷雾防治。隔10天左右喷1次，连续2～3次。

三、玉米小斑病

又称玉米斑点病。由半知菌亚门丝孢纲丝孢目长蠕孢菌侵染所引起的一种真菌病害。为我国玉米产区重要病害之一，在黄河和长江流域的温暖潮湿地区发生普遍而严重。在安徽省淮北地区夏玉米产区发生严重。一般造成减产15%～20%，减产严重的达50%以上，甚至无收。

（一）症状

本病在玉米整个生长期皆可发生，但以抽雄和灌浆期发病最重。主要为害叶片，叶鞘、苞叶，果穗也可受害。叶片病斑椭圆形、纺锤形或近长方形，黄褐色或灰褐色，边缘色较深。抗病品种的病斑呈黄褐色坏死小斑点，周围具黄晕，斑面霉层病征不明显；在感病品种上，病斑的周围或两端可出现暗绿色浸润区，斑面上灰黑色霉层病征明显，病叶易萎蔫枯死（图3-27、图3-28）。

图3-27　玉米小斑病初期为害症状

图3-28　玉米小斑病后期为害症状

（二）发病原因

发病适宜温度26～29℃。产生孢子最适温度为23～25℃。孢子在24℃下，1小时即能萌发。遇充足水分或高温条件，病情迅速扩展。玉米孕穗、抽穗期降水多、湿度高，容易造成小斑病的流行。低洼地、过于密植阴蔽地；连作田发病较重。一般抗病力弱的品种，生长期中露日多、露期长、露温高、田间闷热潮湿以及地势低洼、施肥不足等情况下，发病较重。在四川省，播期愈晚，发病愈重。

（三）传播途径

玉米小斑病菌主要以菌丝体在病叶越冬，也可在种子越冬，田间的病残体及带菌种子就成为翌年病害的初侵染源。病菌以分生孢子作为初侵与再侵接种体，通过气流传播，从气孔或直接穿透表皮侵入寄主致病。

(四) 防治方法

(1) 因地制宜选种抗病品种。

(2) 及时清洁田园，深翻土地，控制菌源；摘除下部老叶、病叶，减少再侵染菌源；降低田间湿度；增施磷、钾肥，加强田间管理，增强植株抗病力。

(3) 发病初期喷洒75%百菌清可湿性粉剂800倍液或70%甲基硫菌灵可湿性粉剂600倍液或25%苯菌灵乳油800倍液或50%多菌灵可湿性粉剂600倍液，间隔7～10天1次，连防2～3次。

四、玉米大斑病

玉米大斑病又称条斑病、煤纹病，是世界性的病害。目前几乎所有玉米产区都有发生，随着感病杂交种的推广及栽培制度的改变，本病逐年加重，减产可达20%，成为我国北方玉米产区主要病害之一。

(一) 症状

本病在玉米整个生长期皆可发生，但多见于生长中后期，特别是抽穗以后。主要侵害叶片，严重时叶鞘和苞叶也可受害，一般先从植株底部叶片开始发生，逐渐向上蔓延，但也常有从植株中上部叶片开始发病的情况。其最明显的症状是叶片上形成大型梭状（纺锤形）的病斑，一般长5～10厘米，宽1厘米左右（有的甚至可长达15～20厘米，宽2～3厘米），病斑青灰色至黄褐色，但病斑的大小、形状、颜色因品种抗病性不同而异。在感病品种上，病斑大而多，斑面现明显的黑色霉层病征，严重时病斑相互连合成更大斑块，使叶片枯死；在抗病品种上，病斑小而少，或产生褪绿病斑，外具黄色晕圈，其扩展受到一定限制（图3-29、图3-30）。

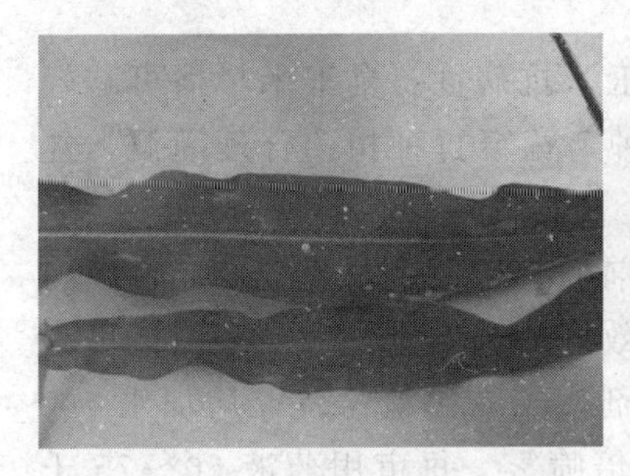

图 3－29　玉米大斑病初期为害症状

图 3－30　玉米大斑病后期为害症状

（二）发病原因

病害的发生流行同品种、气候条件和耕作栽培措施有密切关系。玉米感病品种的推广是本病发生流行的主导因素。在种植感病品种并有一定数量菌源的条件下，发病的轻重则取决于温度和雨量。通常 7—8 月平均温度在 18～22℃、相对湿度在 90％以上的地区，适于大斑病的发生流行。植地轮作或合理间套作的发病轻；春夏玉米早播比晚播的病轻；稀植的比密植的病轻；育苗移栽的比同期直播的病轻；肥沃田比瘦瘠地的病轻；地势高、通透好的比地势低湿的病轻。

（三）传播途径

玉米大斑病病原菌以菌丝体在病残体内越冬，成为翌年病害的主要初次侵染来源，带有未腐烂病残体的粪肥及带病种子也可成为初侵染源。分生孢子作为初侵与再侵接种体借气流、风雨传播，主要从寄主表皮直接侵入，也可从气孔侵入致病。

（四）防治方法

（1）选用抗耐病品种兼抗大小斑病的玉米杂交种。

（2）实行轮作、倒茬制度避免玉米连作，秋季深翻土壤，深翻病残株，消灭菌源；作燃料用的玉米秸秆，开春后及早处理完，并可兼治玉米螟；病残体做堆肥要充分腐熟，秸秆肥最好不要在玉米地施用。

(3) 改善栽培技术，增强玉米抗病性。夏玉米早播可减轻发病；与小麦、花生、甘薯套种，宽窄行种植；合理灌溉，洼地注意田间排水。

(4) 喷药防治在玉米抽雄前后，田间病株率达70%以上，病叶率20%时，开始喷药。防效好的药剂有：50%多菌灵可湿性粉剂，50%敌菌灵可湿性粉剂，90%代森锰锌，均加水500倍，或用40%克瘟散乳油800倍喷雾。每亩用药液50～75千克，隔7～10天喷药1次，共防治2～3次。

五、玉米螟

玉米螟俗称玉米钻心虫，是为害玉米的主要害虫之一。也是我国玉米生产的第一大害虫。发生范围大，面积广，为害重。特别是近年来甜玉米的扩大种植，致使为害逐年加重，往往会造成严重的产量和质量上的损失，严重时可造成玉米减产15%～30%。

(一) 症状

玉米螟以幼虫为害。初龄幼虫蛀食嫩叶形成排孔花叶。3龄后幼虫蛀入茎秆，为害花苞、雄穗及雌穗，受害玉米营养及水分输导受阻，长势衰弱、茎秆易折，雌穗发育不良，影响结实。幼虫为害棉花蛀入嫩茎，使上部枯死，蛀食棉铃引起落铃、腐烂及僵瓣。

(二) 发病原因

成虫黄褐色，雄蛾体长10～13毫米，翅展20～30毫米，体背黄褐色，腹末较瘦尖，触角丝状，灰褐色，前翅黄褐色，有两条褐色波状横纹，两纹之间有两条黄褐色短纹，后翅灰褐色；雌蛾形态与雄蛾相似，色较浅，前翅鲜黄，线纹浅褐色，后翅淡黄褐色，腹部较肥胖。卵，扁平椭圆形，数粒至数十粒组成卵块，呈鱼鳞状排列，初为乳白色，渐变为黄白色，孵化前卵的一部分为黑褐色。老熟幼虫，体长 25 毫米左右，圆筒形，头黑褐色，背部颜色有浅褐、深褐、灰黄等多种，中、后胸背面各有毛瘤 4 个，腹部 1～8 节背面有两排毛瘤前后各两个。蛹，长 15～18 毫米，黄褐色，长纺锤形，尾端有刺毛 5～8 根。

（三）传播途径

玉米螟 1 年发生 1～6 代，以末代老熟幼虫在作物或野生植物茎秆、穗轴内越冬。第二年春季即在茎秆内化蛹。成虫羽化后，白天隐藏在作物及杂草间，傍晚飞行，飞翔力强，有趋光性。夜间交配，雌蛾喜在即将抽雄穗的植株上产卵，产在叶背中脉两侧或茎秆上。幼虫孵化后先群集于玉米心叶喇叭口处或嫩叶上取食，被害叶长大时显示出成排小孔。玉米抽雄授粉时，幼虫为害雄花、雌穗并从叶片、茎部蛀入，造成风折、早枯、缺粒、瘦瘪等现象。幼虫主要在茎秆内化蛹。

（四）防治方法

（1）处理越冬寄主，消灭越冬虫源，采用白僵菌封垛，可收到较高的防治效果。

（2）成虫多发期利用黑光灯或性诱剂进行诱杀。

（3）2、3 代产卵盛期释放赤眼蜂。

（4）心叶期花叶株率的达 10％以上进行普治，5％～10％进行挑治，5％以下可以不施药。若花叶率超过 20％，或 100 株玉米累计有卵 30 块以上，需连防 2 次。穗期率达 10％或百穗花丝有虫 50 头时，要立即防治。可选用 3.6％杀虫双颗粒剂，每亩用 1 千克，或毒死蜱氰菊每亩用 350～500 克点心撒施在叶鞘内，也可每亩用 18％杀虫双水剂 10 倍液用手持式喷雾器点心。

第四节　棉　花

一、棉花黄萎病

棉花黄萎病从苗期到花期均有发生，以花期为发病高峰，发病早的损失重。

（一）症状

整个生育期均可发病。从定植后 1 个月左右开始，地上部位出现病症，一直到收获结束时持续发病。最初，下部叶片局部萎蔫，叶边上卷。过 2～3 天后，病部由黄白色转为黄色。叶片边缘变色较多，以小叶脉为中心呈楔形。接下来，变色部位逐渐扩大，整片小叶黄变，慢慢褐变枯死。病害加重时，上部叶片也依次发病枯死，并导致下部叶片慢性枯萎。因此，病株株高降低、果实的坐果及生长明显受影响。剖检病株叶柄，可见导管部有黄褐变（图 3－31、图 3－32）。

图 3－31　棉花黄萎病初期为害症状

图 3－32　棉花黄萎病后期为害症状

（二）发病原因

（1）气候发病最适温度为 25～28℃，低于 25℃或高于 30℃发病缓慢。夏季多雨水，而温度略低时，有利于发病。

（2）耕作栽培棉田连作时间越长，发生越重。棉田积水，排水不良，地下水位高，田间湿度大，有利于发病。

（3）棉花的种与品种未发现有免疫的品种和品系，海岛棉抗、耐病能力较强，陆地棉次之，中棉偏向感病。偏施氮肥或施用带菌粪肥杂肥，加重发病。

（4）棉花生育期棉株现蕾期前抗病、现蕾后感病。

（三）传播途径

病株各部位的组织均可带菌，叶柄、叶脉、叶肉带菌率分别为20%、13.3%及6.6%，病叶作为病残体存在于土壤中是该病传播重要菌源。棉籽带菌率很低，却是远距离传播重要途径。病菌在土壤中直接侵染根系，病菌穿过皮层细胞进入导管并在其中繁殖，产生的分生孢子及菌丝体堵塞导管，此外病菌产生的轮枝毒素也是致病重要因子，毒素是一种酸性糖蛋白，具有很强的致萎作用。

（四）防治方法

（1）保护无病区加强植物检疫，做好产地检疫，保护无病区，禁止从病区引种或调种，建立无病良种繁殖基地。

（2）种植抗病品种如陕401、陕416、中棉12号、1155、2037、69-21、78-088、86-6等。

（3）生物防治芽孢杆菌属（*Bacillus*）和假单胞属（*Pseudomonas*）细菌的某些种能有效地抑制大丽轮枝菌生长。木霉（*Trichoderma* spp.）菌肥，有防病增产作用。

（4）药剂防治铲除零星病区、控制轻病区、改造重病区。对病株超过0.2%的棉田采取人工拔除病株，挖除病土，或选用16%氨水或氯化苦、福尔马林、90%～95%棉隆粉剂等进行土壤熏蒸或消毒。也可用12.5%治萎灵液剂200～250倍液，于发病初期、盛期各灌1次，每株灌对好的药液50～100毫升，防效80%～90%。

二、棉花炭疽病

棉花炭疽病是棉花苗期和铃期最主要病害之一，南、北棉区发病均较严重，重病年份造成缺苗断垄，甚至毁种，炭疽病病菌不仅浸染幼苗的根茎部，还能为害幼茎、叶、真叶和棉铃，后期还可造成烂铃。对棉花产量有直接影响。

（一）症状

幼苗受害后，在茎基部发生红褐色梭形病斑，有时开裂。严重时病部变黑，幼苗萎倒死亡。潮湿时病斑上产生橘红色黏性物质。子叶上在叶缘生半圆形褐色病斑，边缘深红褐色，严重时枯死早落。棉铃受害后，开始有暗红色小点，逐渐扩大为褐色凹陷病斑，潮湿时中央产生橘红色黏性物质。病铃往往不能开裂甚至腐烂。成株期棉叶及茎部发病并不常见，受害后，叶上的病斑呈不规则圆形，病部容易干枯开裂，茎部发病往往在叶痕处发生，病斑红褐色至棕褐色，病株容易被风吹断（图3-33、图3-34、图3-35）。

图3-33　棉花炭疽病为害茎基部症状

图3-34　棉花炭疽病为害叶片症状

（二）发病原因

一是气候条件。气候条件是影响棉苗病害发生的主导因素，各种病菌的生长繁殖及侵染均需要较高湿度，因此，阴雨天多

图 3－35　棉花炭疽病为害棉铃症状

最适棉苗病害发生。播种后遇到低温多雨会影响棉籽萌发和出苗速度，易遭受病菌侵染而造成烂种、烂芽；出苗后棉花生长发育不良，降低抗病力，发病重。特别是低温伴随有寒流和阴雨，有利于叶部病害大发生，而造成成片死苗。二是棉种质量。棉种纯度不高、籽粒不饱满、生活力弱，播种后出苗缓慢，棉苗生长衰弱，易遭受病菌侵染，因而发病重。三是耕作栽培措施。连作多年的棉田，土壤中积累大量病菌，翌年初侵染来源多，发病较重。连作年限越长，发病越重。棉田地势低洼，排水不良，土壤中水分过多，通气性差，土温偏低，土质黏重，土壤板结，致使棉苗出土困难，易导致烂种、烂芽，出苗后生长发育不良，而易遭受病原菌侵染，发病较重。播种过早、过深或覆土过厚，棉种萌芽慢，出苗延迟，常造成烂种、烂芽。畦边行间种植油菜或蚕豆，使棉苗遮阴面过大，光照弱，湿度大，发病较重。氮肥施用过多或缺乏钾肥，会使棉苗生长柔嫩而易感病。不及时松土、除草、追肥、间苗、治虫等，均会造成棉苗生育不良，促使发病加重。

（三）传播途径

病菌以分生孢子和菌丝体在种子上或病残体上越冬，第二年棉籽发病后侵入幼苗，以后在病株上产生大量分生孢子，病菌随风雨或昆虫等传播，形成再次侵染。温度和湿度是影响发病的重要原因。若苗期低温多雨、铃期高温多雨，炭疽病就容易流行。整地质量差、播种过早或过深、栽培管理粗放、田间通风透光差或连作多年等，都能加重炭疽病的发生。

（四）防治方法

（1）播种前进行种子处理，用 40%的拌种双可湿性粉剂 0.5 千克，或用 70%甲基托布津可湿性粉剂 0.5 千克，或用 70%代森锰锌可湿性粉剂 0.5 千克与 100 千克棉籽拌种，也可用棉籽种子包衣剂处理。

（2）适期播种，培育壮苗。

（3）合理密植降低田间湿度，防止棉苗生长过旺，并注意防止铃期早衰。

（4）发病初期喷洒 70%甲基硫菌灵（甲基托布津）可湿性粉剂 800 倍液，或用 70%百菌清可湿性粉剂 600～800 倍液、70%代森锰锌可湿性粉剂 400～600 倍液、50%苯菌灵可湿性粉剂1 500倍液、25%炭特灵可湿性粉剂。

三、棉花红腐病

棉花红腐病是引起棉花苗期烂根的主要病害之一，全国各棉区均有发生，黄河流域棉区苗期红腐病发病率一般在 20%～50%，最高可达 80%以上；北方棉区苗期发病重，南方棉区铃期发病重。

（一）症状

幼芽生病后变成红褐色，可烂在土中。出土的幼苗根部生病后，根尖先由黄变褐色腐烂，以后蔓延到全根，还可发展到幼茎地面部分，重病苗枯死。病斑不凹陷，土面以下受害的嫩茎和幼根变粗是该病的重要特征。子叶发病后，多在边缘生灰红色病斑，病斑常破裂，潮湿时产生红粉，即病菌孢子。铃上病斑形状不规则，外有红粉，再后常黏在一起成为粉红色块状物，重病铃不开裂，成为僵瓣（图 3－36、图 3－37）。

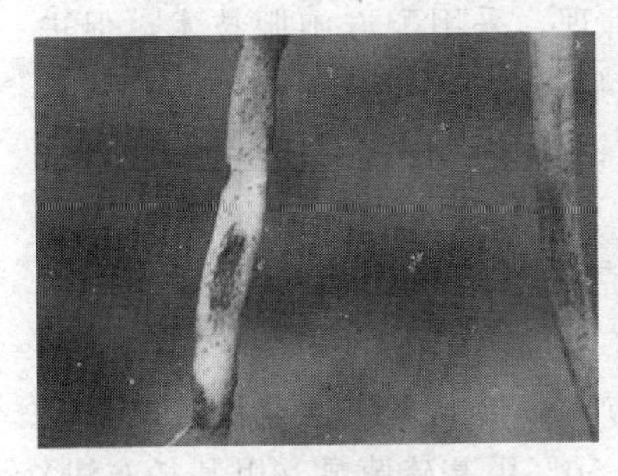

图 3－36　棉花红腐病为害棉苗症状

图 3－37　棉花红腐病为害棉铃症状

（二）发病原因

红腐病菌在 3～37℃范围内生长活动，最适 20～24℃。高温对侵染有利。潜育期 3～10 天，其长短因环境条件而异。日照少、雨量大、雨日多可造成大流行。苗期低温、高湿发病较重。铃期多雨低温、湿度大也易发病。棉株贪青徒长或棉铃受病虫为害、机械伤口多，病菌容易侵入发病重。棉铃开裂期气候干燥，发病轻。

（三）传播途径

病菌随病残体或在土壤中腐生越冬，病菌产生的分生孢子和菌丝体成为翌年的初侵染源。苗期初侵染源还可以是附着在种子短绒上的分生孢子和潜伏于种子内部的菌丝体，播种后即侵入为害幼芽或幼苗。该菌在棉花生长季节营腐生生活。铃期分生孢子或菌丝体借风、雨、昆虫等媒介传播到棉铃上，从伤口侵入造成烂铃，病铃使种子内外部均带菌，形成新的侵染循环。

（四）防治方法

（1）选用健康无病的棉种。

（2）注意清洁田园，及时拔除病苗，及时清除田间的枯枝、落叶、烂铃等，集中烧毁，减少病菌的初侵染来源。

（3）适期播种，加强苗期管理，采用配方施肥技术，促进棉苗快速健壮生长，增强植株抗病力。

（4）加强棉田管理，及时防治铃期病虫害。避免造成伤口，减少病菌侵染机会。

（5）种子处理。每100千克棉种拌50%多菌灵可湿性粉剂1千克。

（6）铃期防治。一是结合防治其他病害进行兼治。二是及时喷洒1∶1∶200倍波尔多液或50%甲基硫菌灵（甲基托布津）可湿性粉剂800倍液或50%多菌灵可湿性粉剂1 000倍液、50%苯菌灵可湿性粉剂1 500倍液、65%甲霉灵可湿性粉剂1 500倍液，每亩喷对好的药液100～125升，隔7～10天1次，连续喷2～3次。

四、棉花疫病

棉花疫病是棉花的重要病害。整个生育期均可发病，苗期和铃期尤为突出，可引起大量死苗和烂铃，严重影响棉花生产。

（一）症状

又称棉铃湿腐病、雨湿铃。多发生于中下部果枝的棉铃上。多从棉铃苞叶下的果面、铃缝及铃尖等部位开始发生，初生淡褐、淡青至青黑色水浸状病斑，湿度大时病害扩展很快，整个棉铃变为有光亮的青绿至黑褐色病铃，多雨潮湿时，棉铃表面可见一层稀薄白色霜霉状物即病菌的孢囊梗和孢子囊。青铃染病，易腐烂脱落或成为僵铃。疫病发生晚者虽铃壳变黑，但内部籽棉洁白，及时采摘剥晒或天气转晴仍能自然吐絮（图3-38、图3-39、图3-40）。

（二）发病原因

（1）环境因素。多雨年份棉花疫病即发生严重。在温度15～30℃，相对湿度30%～100%条件下都能发病，最适温度为24～27℃，但多雨高湿是发病的关键因素。铃期多雨，发病重。

图 3－38　棉花疫病为害叶片症状

图 3－39　棉花疫病为害茎秆症状

图 3－40　棉花疫病为害棉铃症状

（2）栽培因素。地势低洼，土质黏重，棉田潮湿郁闭，棉株伤口多，果枝节位低，后期偏施氮肥，发病重。

（三）传播途径

病菌主要以卵孢子单独或随病残体在土壤中越冬，作为病害的初侵染来源。病菌在铃壳中可存活 3 年以上，且有较强耐水能力。当环境条件适合发病时，孢子囊释放出游动孢子，随土面的雨水、水流迅速蔓延传播，从伤口、气孔或寄主表皮直接侵入。随着气温上升，以卵孢子在土壤中越夏，至结铃期又产生孢子囊释放出游动孢子，随风雨飞溅到棉铃上进行侵染。田间可进行多次再侵染。

（四）防治方法

（1）选用抗病品种如辽棉10号、中棉12号等。

（2）清洁田园，实行轮作，以减少初始菌源量。

（3）改进栽培技术，实行宽窄行种植；采用配方施肥技术，避免过多、过晚施用氮肥，防止贪青徒长。及时去掉空枝、抹赘芽，打老叶；雨后及时开沟排水，中耕松土，合理密植，如发现密度过大，可推株并垄，改善通风透光条件，降低田间湿度。

（4）减少农事操作对棉苗、棉铃造成的损伤，及时治虫防病，减少病菌从伤口侵入的机会。

（5）发病初期及时喷洒65％代森锌可湿性粉剂30～350倍液或50％多菌灵可湿性粉剂800～1 000倍液、58％甲霜灵·锰锌可湿性粉剂700倍液、64％杀毒矾可湿性粉剂600倍液、72％克露或克霜氰或克抗灵可湿性粉剂700倍液，对上述杀菌剂产生抗药性的棉区，可选用69％安克·锰锌可湿性粉剂900～1 000倍液。以上药剂从8月上中旬开始施用，隔10天左右1次。

五、棉铃虫

棉铃虫，夜蛾科昆虫的一种，是棉花蕾铃期的大害虫。广泛分布在中国及世界各地，中国棉区和蔬菜种植区均有发生。黄河流域棉区、长江流域棉区受害较重。近年来，新疆棉区也时有发生。寄主植物有20多科200余种。棉铃虫是棉花蕾铃期重要钻蛀性害虫，主要蛀食蕾、花、铃，也取食嫩叶。该虫是中国棉区蕾铃期害虫的优势种，近年为害十分猖獗。

（一）症状

该虫是棉花蕾铃期重要的钻蛀性害虫，主要蛀食蕾、花、铃，其次食害嫩叶。取食后，嫩叶呈孔洞或缺刻；花蕾被蛀后，苞叶张开发黄，2～3天随即脱落；食害柱头和花药，使之不能授粉结铃。青铃被害后蛀成孔洞，诱发病菌侵染，造成烂铃。

（二）发病原因

成虫体长为15～20毫米，前翅颜色变化较大，雌蛾多黄褐色，雄蛾多绿褐色，外横线有深灰色宽带，带上有7个小白点，肾形纹和环形纹暗褐色。卵初产时乳白色，直径0.5～0.8毫米。幼虫体长40～45毫米，头部黄褐色，气门线白色，身体背面有十几条细纵线条，各腹节上有刚毛疣12个，刚毛较长；体色变化很大，大致可分为红色、黄红色、黄白色、淡绿色、绿色、黑黄色和黑褐色7个类型。蛹纺锤形，长17～20毫米，5～7腹节前缘密布比体色略深的刻点，尾端有臀刺两枚。

（三）传播途径

棉铃虫在我国各棉区由北向南1年可发生3～7代，黄河流域棉区1年4～5代，以蛹在3～10厘米深的土中越冬，4月中旬到5月上旬，气温在15℃以上时开始羽化，先在小麦或春玉米等作物上为害，2～4代在棉花等作物上为害。棉田内成虫盛发期在6月至8月中旬，产卵在各月下旬，幼虫为害在各月的月末。成虫有趋光性，对半枯萎的杨树枝把有很强的趋性。成虫在生长旺盛茂密、现蕾早的棉田产卵量比长势差的棉田多几到几十倍。6月下旬1代成虫的卵多产在棉株上部嫩叶正面，7月下旬。到8月下旬，2代、3代成虫多产卵在幼蕾的苞叶上和嫩叶正面．少数产在叶背面和花上。幼虫：龄前多在叶面活动为害，这周药防治的有利时机，3龄以后多钻蛀到蕾铃内部为害，不易防治。棉铃虫喜中温高湿，各虫态发育的最适温度为25～28℃，相对湿度为70％～90％，6—8月降水量达100～150毫米的年份，棉铃虫就会严重发生。寄生性天敌主要有姬蜂、茧蜂、赤眼蜂、菌类等；捕食性天敌主要有瓢虫、草蛉、捕食蝽、胡蜂和蜘蛛等，注意保护利用天敌，对棉铃虫有显著的控制作用。

（四）防治方法

（1）棉花收获后，清除田间棉秆和烂铃、僵瓣等。及时深翻耙地，坚持实行冬灌，可大量消灭越冬蛹；种植早熟、无蜜腺、棉酚和单宁含量高的抗虫品种，如中植－372等。

（2）在较大范围内实行统一播期，以切断棉铃虫的食物链；精选种子，提高播种质量；早间苗、早定苗，搞好健身栽培；生长旺盛的棉田可用缩节胺、助壮素或乙烯利进行化控；6月中下旬摘除早蕾（即伏前桃），产卵期摘除边心，整枝打杈，并带出田外深埋，可明显减轻棉铃虫的发生为害。

（3）诱杀防治在棉田地边种春玉米或高粱，既可诱集较多的棉铃虫来产卵，又能诱集大量天敌存活繁殖，并控制棉铃虫为害。棉铃虫各代成虫发生期，在田间设置黑光灯、杨树枝把或性诱剂，可大量诱杀成虫。

（4）生物防治搞好棉花与其他作物的合理布局，提倡插花种植。棉花生长前期尽量不施或少施广谱性杀虫剂，必要时可用药液滴心或药液涂茎法施药，以便保护利用天敌。也可人工饲养释放赤眼蜂或草蛉；以发挥天敌的自然控制作用。在棉铃虫产卵盛期，喷施每毫升含10亿个以上孢子的Bt乳剂100倍液，间隔3～5天再喷1次；或喷施棉铃虫核多角体病毒（NPV）1 000倍液。

第五节　大　豆

一、大豆胞囊线虫病

大豆胞囊线虫也称大豆根线虫病，因其受害植株矮小，叶片发黄又被称为黄萎病，俗称“火龙秧子”，是全世界大豆生产上的毁灭性病害之一，发生普遍而严重。轻病田一般减产10%，重病田可达30%～50%，甚至绝产。

有的地区可以导致连续多年不能种植大豆。同时也可以在栽培植物中的小豆、绿豆、豌豆、赤小豆、饭豆、某些菜豆品种等上寄生。

我国最重要的发病地区是东三省的大豆产区。尤以东北干旱、砂碱地发生严重。

(一) 症状识别

大豆胞囊线虫寄生于大豆根上，受害植株地上和地下部均可表现症状。从大豆出苗至结荚各生育阶段都可发病。

植株地上部生长发育不良，明显矮小，节间短，叶片发黄早落，花芽少，不结荚或很少结荚。病株根系不发达，侧根少，须根增多，根瘤少而小。须根上有许多白色至黄色小颗粒（雌虫）。被害根很少结瘤。由于胞囊撑破根皮，根液外渗，致使次生土传根病加重或造成根腐，使植株提早枯死。

(二) 发病规律

病原线虫为大豆胞囊线虫，属异皮科异皮线虫（也叫胞囊线虫属）属。大豆胞囊线虫一生中包括卵、幼虫（分 4 龄，3 次蜕皮后成为成虫）和成虫 3 个阶段（图 3－41）。雌、雄虫异形，雄成虫线形，头尾钝圆，尾端略向腹侧弯曲。雌虫柠檬形，头颈部较尖，先白后变黄褐色。

病原线虫以胞囊在土中或寄主根茬内越冬，也可随带有胞囊的土块混杂在种子中越冬，成为初侵染来源。

胞囊的抗逆力极强，在土中可存活 10 年之久。线虫一年可产生多代。在田间主要通过农事活动进行传播，种子中夹杂的胞囊是远距离传播的主要途径。在春季随气温升高，1 龄幼虫孵化，蜕皮为 2 龄幼虫入土，雌幼虫在寄主体内生长蜕皮为 4 龄虫发育成成虫。雄虫在皮层中发育成成虫后，入土与雌虫交配，雌虫将卵产在卵囊内，使虫体膨大，变为胞囊。成熟的胞囊随寄主根系分布脱落大土壤中，胞囊内含大量的卵，一般在 200～300 粒。

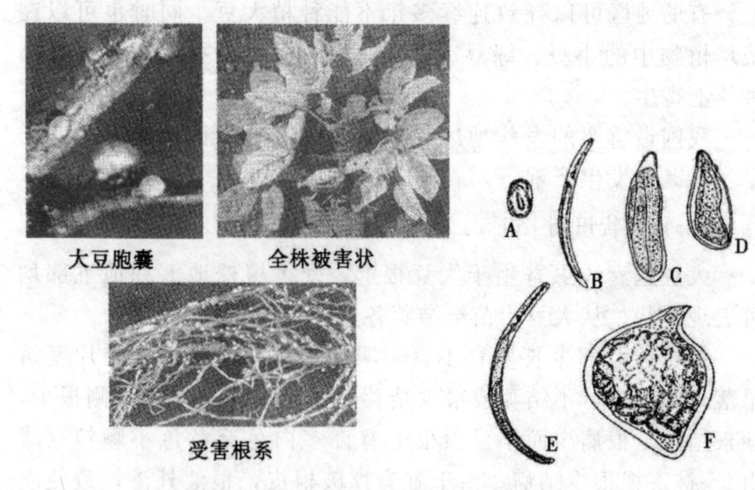

大豆胞囊线虫：A 卵；B 二龄幼虫（蜕皮后）；
C 四龄雄虫；D 四龄雌虫；E 雄成虫；F 雌成虫

图 3－41　大豆胞囊线虫

土壤条件、栽培措施、环境因素、品种抗性等对其有明显影响。一般通气性良好的沙土和沙壤土，或干旱、贫瘠的土壤适于线虫生长发育。碱性土壤更适合线虫的生活和繁殖。利于线虫生长发育的土壤温度为 17～28℃，低于 10℃线虫停止发育，35℃以上不能发育成成虫。在高湿水淹的土中胞囊很快失去活力。所以，土壤中胞囊数量多、土壤温度偏高、湿度偏低，沙质土、重茬或迎茬地发生重。

黑龙江省每年发生 2～3 代，第一代为害最重。

（三）综合防治

（1）与禾本科作物实行 3 年以上轮作，轮作是最有效防治措施。

（2）增施基肥和种肥，进行叶面喷肥。

（3）发病重的地区必须采用抗线品种，如抗线 1 号。

（4）化学防治，每 100 千克种子用 35％多克福种衣剂 1.5

升拌种。或用3%呋喃丹颗粒剂45～75千克/公顷，或用5%涕灭威颗粒剂40～60千克/公顷，与大豆种子、肥料混播。

二、大豆花叶病

大豆花叶病是由病毒引起的病害，大豆病毒病是由多种病毒单一或复合侵染的一类系统病害。除大豆花叶病外，还有大豆顶枯病、大豆芽枯病等。全国各省均有分布，以黄淮流域、江汉平原最重，长江中下游大豆产区、东北、山东等大豆栽培区。其中大豆花叶病发生普遍，占大豆病毒病80%以上，减产40%，质量下降，含油量降低，严重可造成绝产。

（一）症状识别

典型症状为植株明显矮化，叶片皱缩并形成褪绿花叶，叶缘向下蜷曲。有的沿叶脉形成许多深绿色泡状突起。病株种子上常出现斑纹，斑纹有的以脐为中心呈放射状，有的则通过脐部呈带状，斑纹色泽与脐色一致。

因大豆品种、气温高低及感病时期不同表现症状有很大差异。大约有以下几种病状类型（表3-1、图3-42）。

表3-1　大豆病状类型

类型	症状
黄斑型	一般与轻花叶型和皱缩花叶型混合发生。老叶上出现不规则黄色斑块，叶脉变褐坏死，但不皱缩，上部嫩叶多呈皱花叶状
顶枯型	植株茎顶呈红褐色或褐色，萎缩卷曲，后变黑枯死，并发脆易断，植株矮化。开花期多数花芽萎蔫不结荚。结荚期荚上生圆形或不规则褐色斑块，荚多畸形
褐斑粒	花叶病在籽粒上表现的症状，以籽粒种脐为原点的放射状斑驳。斑驳色泽与豆粒脐部颜色有相关性：褐色脐的豆粒，斑驳呈褐色，黄白色脐的斑驳呈浅褐色，黑色脐的斑驳呈黑色。从病种子长出的病株上结的种子斑驳比较明显。后期由蚜虫传播感病植株结的种子褐斑粒较少
轻花叶型	叶片生长基本正常，只现轻微淡黄色斑驳。一般抗病品种或后期感病植株都表现为轻花叶型

（续表）

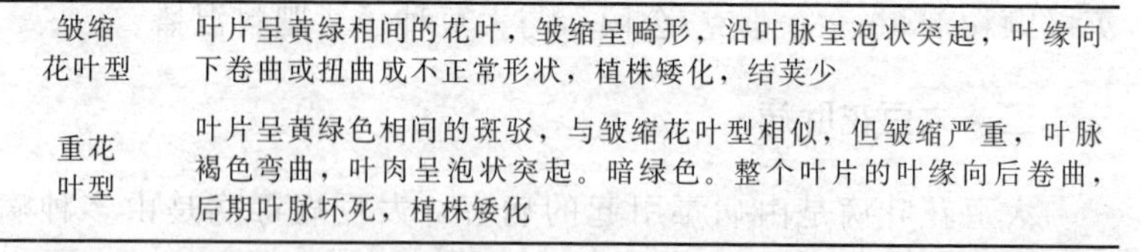

皱缩花叶型	叶片呈黄绿相间的花叶，皱缩呈畸形，沿叶脉呈泡状突起，叶缘向下卷曲或扭曲成不正常形状，植株矮化，结荚少
重花叶型	叶片呈黄绿色相间的斑驳，与皱缩花叶型相似，但皱缩严重，叶脉褐色弯曲，叶肉呈泡状突起。暗绿色。整个叶片的叶缘向后卷曲，后期叶脉坏死，植株矮化

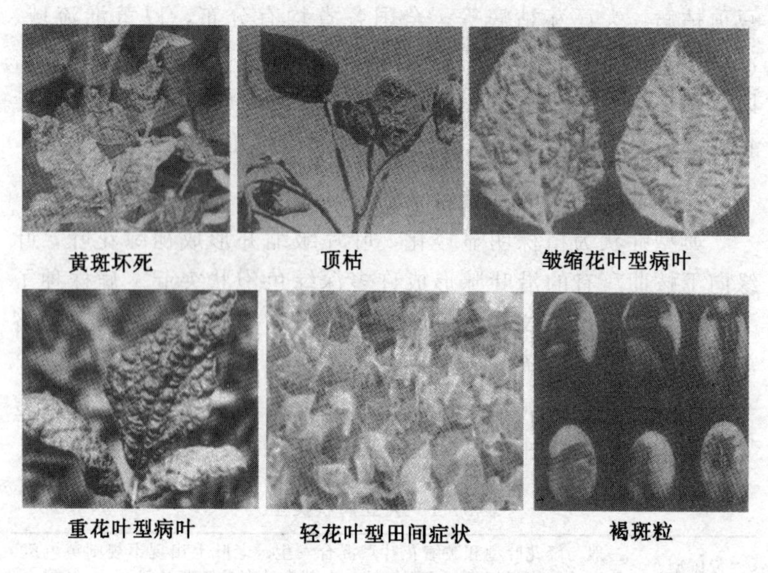

图 3－42　大豆病状类型

（二）发病规律

大豆花叶病的病原为大豆花叶病毒（SMV），属马铃薯 Y 病毒组。该病毒只侵染豆科植物。大豆花叶病的初侵染来源是带毒种子。带毒种子长出幼苗后，在适宜条件下发病。田间通过汁液接触传染，主要传播介体为蚜虫（大豆蚜、苜蓿蚜和棉蚜等）。

影响大豆花叶病发生流行的主要因素是早期出现的毒源数量、蚜虫发生的迟早和数量、气温（发生花叶病的适温为 20～

30℃）及品种抗病性。一般早春气温较高，少雨，病苗出现早且数量多，有利于蚜虫繁殖与活动，品种抗性差，花叶病就可能流行。

（三）防治方法

（1）选用抗病品种，并严格控制带毒种子（病毒存在于种子的胚和子叶上，种皮不带毒）调运，防止病区扩大。

（2）采用无病种子。建立无病留种田，不在菜地、绿肥、牧草和荒地附近设立种子田或尽可能减少蚜虫传病，精选剔除有病种子。

（3）加强防蚜治蚜工作。

（4）改善栽培管理。适期早播，清除田间杂草。

（5）选育和利用抗病品种。各地可根据情况，因地制宜地选用抗病丰产良种。

三、大豆霜霉病

大豆霜霉病在全国大豆产区均有发生，一般发生减产10%左右。重病年可减产50%以上，叶部发病可造成叶片提早脱落，种子受害，可导致千粒重下降，发芽率降低。

（一）症状识别

大豆霜霉病侵害大豆的叶、荚和种子。幼苗第一对真叶及部分复叶从叶基开始沿叶脉出现大面积褪绿斑块，以后全叶变黄褐而枯死，潮湿时叶背有灰白色霉。成株叶片病斑开成不规则褪绿斑，后扩大为多角形黄褐斑。病粒表面附着黄白色或灰白色粉末。

（二）发病规律

病原为东北霜霉菌，属于真菌性病害。以卵孢子在种子和病残体中越冬。带病种子是初侵染源。借气流传播为主，属多循环病害。种子带菌率高、品种抗性弱、气温偏低、高湿有利于发病。

（三）防治方法

（1）选用抗病品种，由于品种抗病性差异明显，应选用高产、优质、抗病品种。

（2）无病田留种，如有病粒，应选出无病种子种植，或进行种子处理，用种子重的0.2%的35%甲霜灵拌种剂，或100千克种子用2.5%适乐时150～200毫升加35%金阿普隆40毫升拌种。

（3）合理轮作，消灭病株残体，合理施肥。

（4）发病初期全田喷药，每公顷可用25%甲霜灵可湿性粉剂1 500克，或用80%克霜灵可湿性粉剂3 000克，对水喷雾。

四、大豆食心虫

大豆食心虫属鳞翅目小卷叶蛾科，俗名小红虫、大豆荚蛀虫，是我国黄淮平原和东北大豆产区的重要害虫（图3－43）。安徽、江苏、湖北、浙江、江西、河南、山东及华北等地均有分布，以东北三省、河北、山东的大豆受害较为严重。常年虫食率达10%～20%，严重的甚至80%以上。

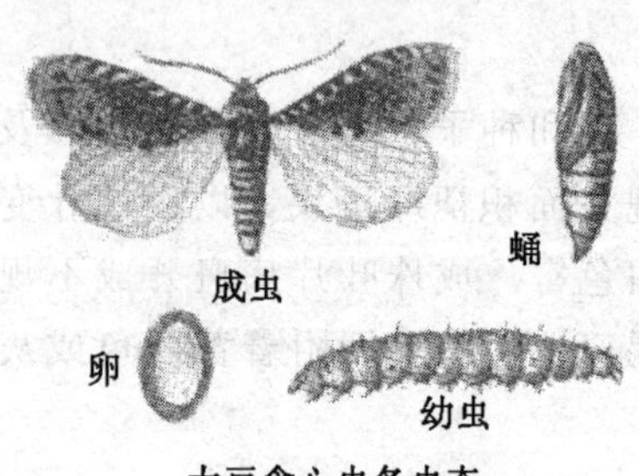

大豆食心虫各虫态

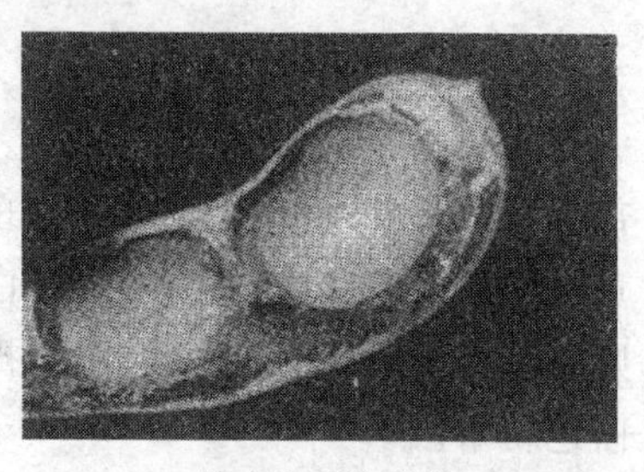
幼虫入荚为害状

图3－43　大豆食心虫

(一) 为害特点

大豆食心虫是我国北部大豆产区的主要害虫，以幼虫蛀入豆荚，咬食豆粒。轻者沿瓣线将豆粒咬成沟形，似兔嘴状，重者可把豆粒吃掉大半，被害粒失去原形，豆荚内充满粪便，造成产量下降，豆质变劣。

(二) 形态特征

成虫　体长5～6毫米，翅展12～14毫米，黄褐至暗褐色。前翅前缘有10条左右黑紫色短斜纹，外缘内侧有一白斑状区，区内有3个紫褐色小纵纹。后翅前缘浅灰色，其他为暗褐色。雄蛾前翅翅缰1根，色淡，腹部末端较钝。雌蛾前翅翅缰3根，色深，腹部末端较尖。

卵　扁椭圆形，有光泽，长约0.5毫米，橘红色。

幼虫　体长8～10毫米，共4龄。前胸盾板浅黄，头部黄褐色。胸足和腹足短小。腹足趾钩单序全环，数量14～30不等，多为19～23。

蛹　长约6毫米，长纺锤形，红褐色。

(三) 生活习性

大豆食心虫年发生1代，以幼虫在地下结茧越冬。在中国北部发生偏早，南部偏晚，第二年7月中下旬向土表移动化蛹，7月下旬至8月初为蛹盛期，蛹期对环境抵抗力弱。8月上中旬为羽化盛期。豆田成虫出现期为7月末到9月初。成虫于15时后在豆田活动，有成团飞翔现象。雌蛾喜产卵在有毛豆荚上，散产。幼虫孵化后多从豆荚边缘合缝处蛀入。8月下旬为入荚盛期。9月中下旬脱荚入土越冬。

成虫有趋光性，白天上午潜伏不动，15～16时开始活动，20时后停息于豆株上。卵产在豆荚上，少数产叶柄、侧枝及主茎上。产卵对豆荚的部位、大小、品种特性、植株生育期有明显的选择性。每荚上多为1粒。初孵幼虫在荚表面活动一段时间后，在豆荚边缘结白色丝网，咬食荚皮穿孔进入。

发生期和为害程度主要和气候条件、大豆品种、耕作栽培措施等因素有关。温湿度影响食心虫生长发育和田间消长，低温高湿有延长成虫寿命的趋势。成虫及其产卵适温为20～25℃，相对湿度为90%。在适温条件下，如化蛹期雨量较多，土壤湿度较大，有利于化蛹和成虫出土。土壤含水量低于5%时成虫不能羽化。从品种看，荚毛多的品种着卵多，受害重；反之少、轻。天敌有赤眼卵蜂、中国齿腿姬蜂、食心虫白茧蜂等。

(四) 防治方法

防治食心虫，应以选用抗（耐）虫品种为基础，以农业防治为主，辅以化学药剂防治与生物防治，达到综合防治的目的。

防治方法

(1) 选用与推广抗（耐）虫品种。在保证产量与品质的前提下，尽量选用豆荚无绒毛，豆荚的机械组织不利于幼虫蛀荚的品种，或抗（耐）虫性较强的品种。

(2) 远距离大区轮作、避免连作因食心虫的食性单一，飞翔能力弱，因此采用远距离轮作可有效降低虫食率，一般应选离前茬豆地1 000米以上地块种植，同时还应考虑邻郊近种植的豆茬地。

(3) 及时翻耙豆茬地，豆茬地是食心虫的越冬场所。在大豆收获后应及时秋翻，将脱荚入土的越冬幼虫埋入土壤深层，增加越冬幼虫的死亡率。

(4) 豆茬地或大豆地适中耕培土，一般豆茬地在7月下旬至8月上中旬及时趟或进行浅层中耕培土，不但有利于增加地温，降低土湿，对食心虫既起到堵塞羽化孔，使成虫不能出土的作用，又能通过机械杀伤一批上移表土的蛹前幼虫和蛹，从而减轻对大豆的为害。

(5) 大豆适时早收，在9月下旬以前收割，收后及时脱粒。

(6) 上年虫食率达5%以上，应在8月中旬开始防治，用

2.5%敌杀死乳油375～400毫升/公顷，或用2.5%功夫乳油300毫升；可用敌敌畏熏蒸成虫，也可利用白僵菌防治脱荚落地幼虫，也可利用释放赤眼蜂降低食心虫卵。

五、豆荚螟

豆荚螟又名豆荚斑螟，属鳞翅目螟蛾科（图3－44）。为世界性分布的豆类害虫，我国各地均有分布，以华东、华中、华南等受害最重。豆荚受害率一般为10%～30%，严重可在80%以上。

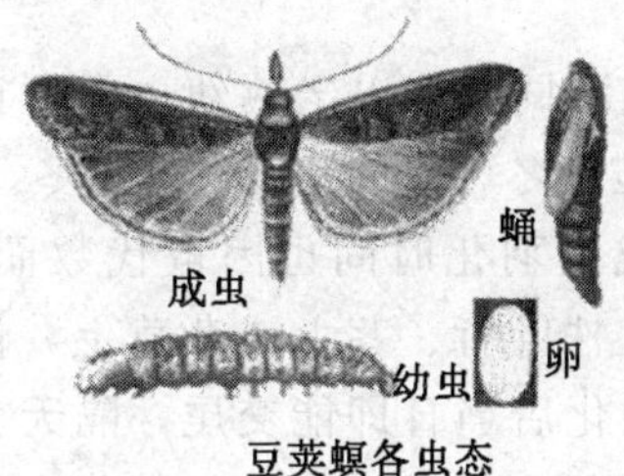

豆荚螟各虫态　　　　为害症状

图3－44　豆荚螟虫态及为害症状

（一）为害特点

豆荚螟为寡食性，寄主为豆科植物，是南方豆类的主要害虫。还可为害豌豆、扁豆、菜豆、绿豆等60多种植物。幼虫入荚取食豆粒为害，有时也为害叶柄、花蕾，被害籽粒重则蛀空，仅剩种子柄；轻则蛀成缺刻，几乎都不能作种子；被害籽粒还充满虫粪，变褐以致霉烂。一般豆荚螟从荚中部蛀入。

（二）形态特征（表3－2）

表3－2　豆荚螟形态特征

成虫	体长10～12毫米，翅展20～24毫米，全体灰褐色。下唇须长而向前突起。触角丝状。前翅狭长，灰褐色，前沿有1条白色边，近翅基1/3处有一条金黄色横带。后翅黄白色，外缘褐色

（续表）

卵	椭圆形，长约 0.5 毫米，表面雕刻纹，初产时乳白色，渐变红色
幼虫	共 5 龄，老熟幼虫体长 14～18 毫米，初孵幼虫为淡黄色。以后灰绿直至紫红色。4～5 龄幼虫前胸背板近前缘中央有“人”字形黑斑，两侧各有 1 个黑斑，后缘中央有 2 个小黑斑，腹足趾钩双列全环
蛹	体长 9～10 毫米，黄褐色，触角和翅长达第五腹节后缘，腹部有臀刺 6 根，外包有白色丝质的椭圆形茧

（三）生活习性

豆荚螟年发生世代数各地不同。都以老熟幼虫在豆田和晒场周围土表下 3～6 厘米处结茧越冬，有的地区以蛹越冬。

卵孵化时间因地面异，成虫羽化时间也因世代数而不同。成虫昼伏夜出，白天多躲在豆株叶背、茎上或杂草上，傍晚开始活动，趋光性较弱。成虫羽化后当日即能交尾，隔天就可产卵。每荚一般只产 1 粒卵，少数 2 粒以上。产卵部位在荚毛多的豆荚的细毛间和萼片下面，少数可产在叶柄等处。荚毛少或没有荚毛的豆荚上很少产卵。初孵幼虫先在荚面爬行 1～3 小时，再在荚面吐丝结一白色薄茧（丝囊）躲藏其中，经 6～8 小时，咬穿荚面蛀入荚内。幼虫进入荚内后，即蛀入豆粒内为害，3 龄后才转移到豆粒间取食，4～5 龄后食量增加，每天可取食 1/3～1/2 粒豆，1 头幼虫平均可吃豆 3～5 粒。在一荚内食料不足或环境不适时，可以转荚为害，每一幼虫可转荚为害 1～3 次。豆荚螟为害先在植株上部，渐至下部，一般以上部幼虫分布最多。幼虫在豆荚籽粒开始膨大到荚壳变黄绿色前侵入时，存活显著减少。幼虫除为害豆荚外，还能蛀入豆茎内为害。成熟的幼虫，咬破荚壳，入土作茧化蛹，茧外黏有土粒，称土茧。

温、湿度对其发生为害程度影响很大。豆荚螟喜干燥，在适温条件下，湿度对其发生的轻重有很大影响，雨量多湿度大则虫口少，雨量少湿度低则虫口大；地势高的豆田，土壤湿度低的地块比地势低，湿度大的地块为害重。结荚期长的品种较结荚期短的品种受害重，荚毛多的品种较荚毛少的品种受害重，豆科植物连作田受害重。豆荚螟的天敌有豆荚螟甲腹茧蜂、小茧蜂、豆荚螟白点姬蜂、赤眼蜂以及一些寄生性微生物等。

(四) 防治方法

应采取农业防治为主，结合生物和化学防治的综合防治措施。

1. 农业防治

合理轮作避免与寄主植物轮作，最好利用水旱轮作。

灌溉灭虫可在秋、冬多次灌水，促越冬幼虫死亡。也可在开花期灌水，杀死土中幼虫。

适当调整播期使其为害时间与结荚期相避开。

尽可能用抗虫品种结荚期短、荚上无毛或毛少的品种。

2. 生物防治

卵期释放赤眼蜂，或老熟幼虫入土前，田间湿度大时施白僵菌防治。

3. 化学防治

在成虫盛发期或孵化盛期前幼虫未蛀入荚内为防治适期。以毒杀成虫和初孵幼虫。

六、大豆红蜘蛛

1. 为害特点

红蜘蛛属蛛形纲蜱螨目叶螨科。在北方主要为大豆红蜘蛛，东北大豆主产区发生较重，干旱少雨年发生更重，大豆红蜘蛛以成螨、若蛾为害。受害豆株生长迟缓，矮化，叶片早落，结荚量少，结实率低，豆粒变小，对产量影响较大。

成虫体长 0.3～0.5 毫米，红褐色，有 4 对足。雌螨体长 0.5 毫米，卵圆形或梨形，前端稍宽隆起，体背刚毛细长，体背两侧各有 1 块黑色长斑；越冬雌虫朱红色有光泽。雄虫体长 0.3

毫米，紫红至浅黄色，纺锤形或梨形。卵直径 0.13 毫米，圆球形，初产时无色透明，逐渐变为黄带红色。幼螨足 3 对，体圆形，黄白色，取食后卵圆形浅绿色，体背两侧出现深绿长斑。若螨足 4 对，淡绿至浅橙黄色，体背出现刚毛。

2. 防治方法

轮作可与麦类作物轮作两年以上，可减轻为害，如能水旱轮作则发生更轻。

通过田间调查，最好在点片发生时，喷药为宜。每公顷用 40％乐果乳油 1 125～1 500毫升，或用 73％克螨特乳油 550～1 000毫升。为了保证药效，叶片背面一定要喷到药，以便直接杀死红蜘蛛。

七、大豆蚜虫

1. 为害特点

大豆蚜虫在我国大豆产区均有发生，以成、若虫为害，多集中于豆株顶梢嫩叶等幼嫩部分，吸食汁液造成叶片卷缩、过早落叶、分枝或结荚减少，影响产量。

2. 防治方法

选用抗虫品种。

种衣剂拌种应用含有内吸杀虫剂的大豆种衣剂拌种，对幼苗期蚜虫能起到一定作用，由于杀虫剂残效期短而蚜虫发生期长，尚需进行田间喷药防治。

生物药剂防治。用 2.5％鱼藤酮乳油，每公顷用 150 毫升，对水喷雾，或用 1.1％烟百素乳油 1 000～1 500倍液喷雾。以上杀虫剂，属触杀性杀虫剂，应全面喷药，因蚜虫多群集叶背，因此叶片背面一定要喷到，才能保证药效。

药剂防治大豆蚜虫防治指标为每株 10 头以上或卷叶率 5％以上，用 50％辟蚜雾可湿性粉剂 150～225 克/公顷，或 2.5％功夫乳油或用 2.5%敌杀死乳池或用 2.5%来福灵乳油 225 毫升，加水喷雾。

八、大豆潜根蝇

1. 为害特点

大豆潜根蝇是北方大豆主要地下害虫，主要以幼虫为害主根，形成肿瘤以至腐烂，重者死亡，轻者使地上部生长不良，并可引起大豆根腐病的发生。

2. 防治方法

合理轮作由于此虫为单食性害虫，只为害大豆和野大豆，且飞翔力弱。可以与禾本科作物等轮作 2 年以上。

豆田进行秋耕深翻，压低越冬虫量，一般于大豆收割后及时进行深翻，可将蝇蛹翻入土壤深层，增加死亡率，降低来年羽化率，减轻为害。

加强栽培管理，适时晚播，施足基肥与种肥，培育壮苗，壮根增加抗虫性。

化学防治 35%多克福种衣剂，按 100 千克种子用药剂 1～1.5 升拌种，或用 40%乐果乳油 700 毫升加水 4 000～5 000毫升。苗期药防，一般幼苗抽出第 1 个三出复叶而复叶尚展开可进行第 1 次喷药，7～10 天后喷第 2 次药。每公顷可用 50%抗蚜威可湿性粉剂 150～225 克，或用吡虫啉类杀虫剂，对水喷雾。

第六节　油　菜

一、油菜蚜虫

油菜蚜虫俗称腻虫、蚁虫，属同翅目昆虫，主要有 3 种：萝卜蚜、桃蚜、甘蓝蚜。蚜虫分有翅、无翅两种类型，以成蚜或若蚜群集于植物叶背面、嫩茎、生长点和花上，用针状刺吸式口器吸食植株的汁液。蚜虫为害时排出大量水分和蜜露，滴落在下部叶片上，引起霉菌病发生，使叶片生理机能受到障碍，减少干物质的积累。油菜被蚜虫为害后，叶变黄卷曲，生长不良，后期常造成落花、落蕾、角果瘦小。蚜虫还能传播病毒病。

（一）识别要点

蚜虫的种类多，每一种还有多种类型，不易具体分辨，一般均有无翅型和有翅型两种。蚜虫个体小，长1.5～2毫米，似蚂蚁大小，一般为黑色、绿色、褐色或橘红色。爬行缓慢，常群集在一起。

（二）发生情况

一年发生10～30代，有两个为害严重的时期，分别为秋季的苗期和春季的抽薹开花期。当5天的平均气温稳定上升到12℃以上时，便开始繁殖。在气温较低的早春和晚秋，完成1个世代需10天，在夏季温暖条件下，只需4～5天。它以卵在花椒树、石榴树等枝条上越冬，也可在保护地内以成虫越冬。气温为16～22℃时最适宜蚜虫繁育，温暖干旱的气候或植株密度过大有利于蚜虫为害。阴雨连绵对蚜虫生长不利，早播早栽的受害重。

（三）防治方法

（1）选用抗虫品种。适时播种，合理规划土地（栽培油菜尽量远离蔬菜地、果园），清除杂草。

（2）黄板诱蚜。在菜地边设置黄颜色的板子，上涂少量油脂，可诱集蚜虫。

（3）银灰色薄膜避蚜。将银灰色塑料薄膜剪成10厘米左右宽的长条架成网眼形，盖在苗床上，防治苗期蚜虫效果可达80％以上。

（4）生物防治。蚜虫的天敌很多，草蛉、七星瓢虫、食蚜蝇、蚜茧蜂、蚜霉菌等对蚜虫都有很强的控制作用。应该使用低毒农药或少用甚至不用农药，保障天敌的安全，有条件的地方可以饲养、释放天敌。

(5) 化学防治。蚜虫发生严重时（苗期每株有蚜1～2头，抽薹开花期每株有蚜3～5头），可每亩用40%氧化乐果乳油30毫升对水45千克喷雾或者用2.5%溴氰菊酯（敌杀死）乳油15～20毫升对水40千克喷雾，也可用10%吡虫啉（大功臣）可湿性粉剂20克对水40千克喷雾；在养蜂区，可每亩用20%抗蚜威（辟蚜雾）乳油50毫升对水60千克喷雾，对蜜蜂比较安全；也可用1∶15的比例配制烟叶水，泡制4小时后喷洒；还可用1∶4∶400的比例，配制洗衣粉、尿素、水的溶液喷洒；对桃粉蚜一类本身披有蜡粉的蚜虫，施用任何药剂时，均应加1‰中性肥皂水或洗衣粉。

二、油菜潜叶蝇

油菜潜叶蝇属双翅目潜蝇科昆虫，别名豌豆潜叶蝇，俗称"叶蛆""夹叶虫"，在冬春油菜产区均有发生，主要为害油菜、豌豆、白菜、萝卜、甘蓝、蚕豆、芥菜等。该虫在油菜叶片内取食，使叶片布满灰白色虫道，影响油菜的产量和品质。

（一）识别要点

成虫较小，苍蝇状，体长2～3毫米，翅展5～7毫米，黑褐色。幼虫黄白色，蛆状，长3毫米，在叶背面可清楚看见幼虫在叶表皮下。

（二）发生情况

一年发生3～18代，每年3月中旬到5月中旬在油菜上为害严重。6—7月逐渐转移到萝卜和白菜苗上为害。成虫白天活动，吸食花密。幼虫孵出后即潜食叶肉，在叶片上、下表皮之间留下细长隧道，严重时布满叶片呈网状，影响光合作用，甚至全株枯萎。

该虫最适宜发育温度为20℃左右，超过32℃即难以生存，因而高温的夏季一般发生量较少，为害轻微。

（三）防治方法

（1）在早春清除田间沟边杂草，摘除老黄脚叶。

（2）毒液诱杀，将敌百虫、红糖、水配成毒液（比例为1∶100∶1 000），在每距离3米左右点喷10～20株，3～5天1次，共4～5次。也可用黄板诱集。

（3）生物防治，释放姬小蜂、反颚茧蜂、潜蝇茧蜂等寄生蜂。

（4）化学防治。防治该虫应选8～10时，露水干后，幼虫开始到叶面活动，老熟幼虫多从虫道中钻出是喷药最有利时机。

可每亩用40%氧化乐果乳油30毫升对水45千克喷雾，或用90%敌百虫晶体1 000倍液喷雾防治，隔10～15天再施药1次。

施用48%毒死蜱（乐斯本）乳油1 500～2 000倍液，或用1.8%阿维菌素（阿巴丁、爱福丁）乳油2 000倍液，或用10%烟碱乳油1 000倍液，或用10%溴虫腈（除尽）悬浮剂1 000倍液，或用5%氟虫腈（锐劲特）悬浮剂1 500倍液，在发生高峰期5～7天喷1次，连续防治2～3次。

也可选用25%喹硫磷（爱卡士）乳油1 000倍液、75%灭蝇胺（赛灭净）可湿性粉剂5 000倍液、2.8%溴氰菊酯（条灭宁、敌杀死）乳油1 000倍液、98%杀螟丹（巴丹）可溶性粉剂2 000倍液、50%辛硫磷乳油1 000倍液。掌握在发生高峰期5～7天喷1次，连续2～3次。

用昆虫生长调节剂5%氟啶脲（抑太保）2 000倍液或5%氟虫脲（卡死克）乳油2 000倍液，对该虫有不孕作用，喷药后成虫产卵孵化率低，孵化幼虫多死亡。

三、油菜猿叶甲

油菜猿叶甲属鞘翅目叶甲科昆虫，有2种：大猿叶甲（别名呵罗虫、文猿叶甲、乌壳虫、白菜掌叶甲、弯腰虫、大猿叶虫）和小猿叶甲（别名小猿叶虫、白菜猿叶甲、乌壳虫），全国都有分布，主要为害油菜和十字花科蔬菜。成虫、幼虫均为害叶部，咬成孔洞和缺刻，严重时仅留下主脉和叶柄。

（一）识别要点

（1）大猿叶甲成虫长 5 毫米，体蓝黑色而有光泽，长椭圆形，后翅发达能飞翔；幼虫长 7 毫米，浅灰黄色。

（2）小猿叶甲成虫长 4 毫米，体蓝黑色而有光泽，短椭圆形，后翅退化不能飞翔；幼虫长 6 毫米，由浅黄色逐渐变为褐色。

（二）发生情况

大猿叶甲、小猿叶甲一年发生 2～6 代，其中，长江以北年生 2 代，长江流域 2～3 代，广西壮族自治区5～6 代，以成虫在根际土缝、枯叶、石块下越冬。一年中以春秋两季发生最多。防治用菊·马乳油 3 000倍液、25％喹硫磷（爱卡士）乳油 1 000倍液，或用敌百虫晶体 1 000倍液，后两种药剂还可以灌根方式防治幼虫。

四、菜粉蝶

油菜粉蝶是鳞翅目粉蝶科昆虫，别名菜白蝶、白粉蝶。幼虫称菜青虫。分布在全国各地。主要为害油菜、甘蓝、花椰菜、白菜、萝卜等十字花科蔬菜，其幼虫食叶。2 龄前只能啃食叶肉，留下一层透明的表皮，3 龄后可蚕食整个叶片，轻则虫口累累，重则仅剩叶脉，影响植株生长发育和包心，造成减产。此外，虫粪污染花菜球茎，降低商品价值。该虫还能传播软腐病。

（一）识别要点

成虫体中型，灰白色，体长 12～20 毫米，翅展 45～55 毫米，前翅三角形，后翅卵圆形，前翅上有两个黑色圆斑。幼虫全体青绿色中部有一列黄色斑点。蛹纺锤形，两端尖细，中部膨大。卵长椭圆形，顶端较尖。

（二）发生情况

由北向南，一年发生3～9代，内蒙古自治区、辽宁、河北年发生4～5代，上海5～6代，南京7代，武汉、杭州8代，长沙8～9代。以蛹在老叶、枯枝、墙壁等处越冬。幼虫的发育起点温度6℃，成虫寿命5天左右。菜青虫发育的最适温度20～25℃，相对湿度76％左右，与甘蓝类作物发育所需温湿度接近，因此，在春（4—6月）、秋（9—10月）两季，菜青虫的发生亦形成春、秋两个高峰。夏季由于高温，所以菜青虫的发生也呈现低潮。

（三）防治方法

（1）清洁田园，清除田间杂草、枯叶、秸秆，减少越冬虫源。

（2）保护利用天敌，如广赤眼蜂、微红绒茧蜂、菜粉蝶绒茧蜂等。

（3）人工捕捉。即使菜青虫发生严重，但由于个体大，其个数不会太多，行动迟缓，利于捕捉，人工捕捉后，可大大减少虫量。

（4）生物防治。可采用细菌杀虫剂，如国产苏云金杆菌（Bt）乳剂或青虫菌六号液剂，通常采用500～800倍稀释浓度。

（5）化学防治。每亩可用2.5％溴氰菊酯（敌杀死）乳油10毫升对水30千克，或用5％氟虫脲（卡死克）乳油30毫升对水50千克喷雾；或用50％辛硫磷乳油1 000倍液，或用20％三唑磷乳油700倍液，或用25％喹硫磷（爱卡士）乳油800倍液，或用44％毒死蜱（速凯）乳油1 000倍液喷雾。

也可选用10％氯氰菊酯（赛波凯）乳油2 000倍液、0.12％阿维菌素（灭虫丁）可湿性粉剂1 000倍液、2.5％高效氟氯氰菊酯（保得）乳油2 000倍液、5％氟虫腈（锐劲特）悬浮剂1 500倍液喷雾。

采用昆虫生长调节剂，又名昆虫几丁质合成抑制剂。如国产灭幼脲一号（伏虫脲、除虫脲、氟脲杀、二氟脲、敌灭灵）

或20%、25%灭幼脲三号（苏服一号）胶悬剂500～1 000倍液。此类药剂作用缓慢，通常在虫龄变更时才使害虫致死，应提早喷洒，这类药剂常采用胶悬剂的剂型，喷洒后耐雨水冲刷，药效可维持半月以上。

五、油菜菌核病

油菜菌核病是真菌性病害，其病原物为核盘菌，属子囊菌亚门真菌，该病又俗称“烂秆”“白秆”“霉蔸”。该病是世界性病害，我国所有油菜产区都有发生。在长江流域、东南沿海和西南地区（尤其四川）发生严重，发病率在10%～70%，产量损失5%～30%，并且出油率降低。油菜在整个生育期均可发病，结实期发生最重。茎、叶、花、角果均可受害，茎部受害最重。

（一）识别要点

苗期发病导致病部腐烂，甚至死亡；成株期一般叶片、茎秆、花、角果都要发病。

（1）叶片。下部老叶先发病，初呈不规则水浸状，后形成近圆形至不规则形病斑，病斑中心灰白色，中层暗青色，外层黄色。天气干燥时病斑干枯穿孔。病斑上有时轮纹明显，湿度大时长出白色绵毛状菌丝，病叶易穿孔。

（2）茎秆。茎秆上初呈浅褐色水渍状病斑，后发展为具轮纹状的长条斑，边缘褐色，湿度大时表生棉絮状白色菌丝，有大的灰白色病斑，容易腐烂，病部以上萎蔫枯死，病秆常易被风吹倒，剖开病秆，一般可见黑色老鼠屎样的颗粒（菌核）。

（3）花。颜色变白，最后花瓣腐烂。

（4）果荚。褪色变白，种子瘦小，无光泽，果荚内有黑色像油菜籽一样的菌核。一般角果提前枯死，容易开裂。

（二）发生情况

病菌主要以菌核混在土壤中或附着在采种株上、混杂在种子间越冬或越夏。该病一般苗期发生少，大多在油菜盛花期开始发生，落花后大面积发生。3—4 月，如果天气多雨，该病很容易大发生。连作田菌核残留量多，排水不良，种植过密，施氮肥过多也容易发生。地势低洼、排水不良或湿气滞留、植株倒伏、早春寒流侵袭频繁或遭受冻害发病重。

我国南方冬播油菜区 10—12 月有少数菌核萌发，使幼苗发病，绝大多数菌核在翌年 3—4 月萌发。我国北方油菜区则在 3—5 月间萌发。菌丝生长发育和菌核形成适温 0～30℃，最适温度 20℃，最适相对湿度 85%以上。生产上在菌核数量大时，病害发生流行取决于油菜开花期的降雨量，旬降雨量超过 50 毫米，发病重；小于 30 毫米则发病轻，低于 10 毫米则难于发病。

（三）防治方法

（1）选用早熟、高产、抗病品种是防治油菜菌核病的根本措施，例如，绵油 11 号、德油 5 号、秦油 2 号、中双 4 号、蓉油 3 号、江盐 1 号、豫油 2 号、滁油 4 号、甘油 5 号、皖油 12 号、皖油 13 号、核杂 2 号、赣油 13、赣油 14 号、油研 7 号、黔油双低 2 号、青油 14 号、821、81004 等。

（2）种子处理。播种前筛去种子中的菌核或用盐水（10 千克水加食盐 1～1.5 千克）选种：将下沉的种子用清水冲洗干净后播种。

（3）轮作。如果该病发生严重，应与禾本科作物轮作两年，常见的为稻油轮作：油菜收后种水稻，然后种小麦、水稻，第三年才种植油菜。

（4）加强田间管理，合理密植，注意通风透光，清除老黄叶，开沟排水，深耕深翻，合理施肥。施基肥、增施磷钾肥、花期尽量少施氮肥。

（5）化学防治。在初花期前后病叶率达 5%～10%时喷药 1 次，7～10 天后再喷 1 次。施药时应注意喷在油菜中、下部茎、叶上（特别是主茎上），以提高防治效果。

每亩用50%腐霉利（速克灵）可湿性粉剂50克，或用50%多菌灵可湿性粉剂100克，或用25%咪鲜胺（使百克）乳油30毫升，或用40%菌核净（纹枯利）可湿性粉剂50克，分别对水20千克喷雾。

在稻油混栽区，重点抓两次防治。一是子囊盘萌发盛期在稻茬油菜田四周田埂上喷药杀灭菌核萌发长出的子囊盘和子囊孢子；二是在3月上中旬油菜盛花期喷80%多菌灵超微粉1 000倍液或40%多·硫悬浮剂400倍液，7天后进行第二次防治。

此外，还可选用12.5%治萎灵（多菌灵＋水杨酸、冰醋酸等）水剂500倍液或40%治萎灵粉剂1 000倍液、50%复方菌核净（纹枯净）可湿性粉剂1 000倍液。也可用枯草芽孢杆菌（菜丰宁）粉剂100克对水15～20千克，把油菜的根在药水中浸蘸一下后定植。

每亩施用真菌王肥200毫升，与50%多菌灵盐酸盐（防霉宝）600克混合加水60千克，于初花末期防治油菜菌核病，效果也很好。

也可在油菜盛花初期喷洒20%多菌灵盐酸盐（防霉宝）缓释微胶囊剂，每亩用药40克。

六、油菜病毒病

油菜病毒病又称油菜“花叶病”“缩叶病”，是油菜主要病害之一，病毒病的传毒媒介是蚜虫，其病原物主要有芜菁花叶病毒、黄瓜花叶病毒及烟草花叶病毒，其中，主要是芜菁花叶病毒，常使油菜减产52%～63%。油菜病毒病发病后导致减产，使菜籽含油量降低，染病植株不仅抗病力低，容易被菌核病、霜霉病和软腐病所侵染，而且冬春也易受冻害，严重时甚至植株枯死。

（一）识别要点

为害症状因油菜类型不同而有差异。

（1）白菜型和芥菜型油菜。发病主要表现为花叶。全株矮缩，叶片皱缩，叶片颜色深浅不一呈“花叶”状，角果瘦小弯曲呈“鸡爪”状，造成荚枯籽秕，甚至植株早期死亡。

（2）甘蓝型油菜。主要症状为叶片上出现系统性黄斑和枯斑。先从老叶发病，逐渐向新叶发展。开始叶面隐现褪绿小圆斑，以后逐渐发展成直径2～4毫米（少数可达5～8毫米）、近圆形的黄斑或黄绿斑，多数边缘有细小褐点组成连续或断续的圈纹，呈油渍状，有的在斑内或中央生有小褐点。角果瘦小，甚至全株枯死。

（二）发生情况

该病的发生与气候和油菜蚜虫关系密切，一般在温暖干燥的环境下，蚜虫发生重，该病发生也重。另外，白菜型油菜比甘蓝型油菜发病重，播种过早，发病也严重。

（三）防治方法

防治该病目前还没有特效的药剂，预防苗期感病，防止蚜虫传毒是防治本病的关键。

（1）选用抗病品种。甘蓝型油菜对病毒病有较强的抗病力，发病重的地区可采用较抗病的甘蓝型油菜，如川油19号、绵油11号、湘油10号、中油821等。

（2）加强栽培管理。适时播种，油菜育苗地不要靠近十字花科蔬菜，适当迟播。加强苗床肥水管理，苗床与本田应施足基肥、及时追肥，施用硼肥、控制氮肥用量。清除田边杂草。发现病株及时拔除，适时移栽。

（3）彻底治蚜。该病主要由蚜虫传播，油菜出苗后，根据虫情，及时防治蚜虫。在菜苗长出真叶后即开始用40%氧化乐果乳油2 500倍液，或用50%抗蚜威可湿性粉剂2 000～3 000倍液喷杀蚜虫，每隔7天左右喷1次，连治2～3次（可参考前面油菜蚜虫防治措施）。

七、小地老虎

小地老虎在我国各地均有发生。沿河流、水池边以及水浇地发生严重。是各种苗木主要害虫。轻者造成缺苗断龚，重者毁种重播。

（一）症状

该虫能为害百余种植物，是对农、林木幼苗为害很大的地下害虫，在东北主要为害落叶松、红松、水曲柳、核桃楸等苗木，在南方为害马尾松、杉木、桑、茶等苗木，在西北为害油松、沙枣、果树等苗木。

（二）发病原因

成虫体长 17～23 毫米，翅展 40～54 毫米。全体灰褐色。前翅有两对横纹，翅基部淡黄色，外部黑色，中部灰黄色，并有 1 圆环，肾纹黑色；后翅灰白色，半透明，翅周围浅褐色。雌虫触角丝状。雄虫触角栉齿状。卵为馒头形，直径 0.5 毫米，高 0.3 毫米，表面有纵横隆起纹，初产时乳白色。幼虫老熟时体长 37～47 毫米，圆筒形，全体黄褐色，表皮粗糙，背面有明显的淡色纵纹，满布黑色小颗粒。蛹长 8～24 毫米，赤褐色，有光泽。

（三）传播途径

在我国长江流域，1 年发生 4 代。以蛹及幼虫在土内越冬。次年 3 月下旬至 4 月上旬大量羽化。第 1 代幼虫发生最多，为害最重。1～2 龄幼虫群集幼苗顶心嫩叶，昼夜取食，3 龄后开始分散为害，共 6 龄。白天潜伏根际表土附近，夜出咬食幼苗，并能把咬断的幼苗拖人士穴内。其他各代发生虫数少。成虫夜间活动，有趋光性，喜吃糖、醋、酒味的发酵物。卵散产于杂草、幼苗、落叶上，而以肥沃湿润的地里卵较多。

（四）防治方法

（1）加强栽培管理，合理施肥灌水，增强植株抵抗力。合理密植，雨季注意排水措施，保持适当的温湿度，及时清园，适时中耕除草，秋末冬初进行深翻土壤，减少虫源。

（2）人工捕杀，清晨在缺苗、缺株的根际附近挖土捕杀幼虫。

（3）保护和利用天敌。

（4）利用成虫的趋光性，可用黑光灯诱杀。

（5）在幼虫发生盛期，傍晚在苗或植株根际，灌浇50%辛硫磷1 000倍液。

第七节　蔬　菜

十字花科蔬菜主要病害的症状识别、虫害的为害症状是教学难点。掌握十字花科蔬菜主要虫害的生活习性、病害的发病规律；十字花科蔬菜主要害虫有：菜蚜、菜粉蝶、猿叶虫、菜蛾、菜螟、甘蓝夜蛾、斜纹夜蛾等。十字花科蔬菜三大病害：病毒病、霜霉病和软腐病。油菜三大病害：病毒病、霜霉病、菌核病。

一、菜蚜

菜蚜也称蜜蚜、腻虫，为害十字花科蔬菜蚜虫的总称，其种类很多，在我国主要有3种：菜缢管蚜（萝卜蚜）、桃蚜（烟蚜）和甘蓝蚜三种，均属同翅目、蚜科。是蔬菜上发生量最大、为害期最长的害虫。

（一）为害症状

以成虫、若虫群集在蔬菜幼苗、嫩叶、嫩茎吸取汁液，使叶变黄蜷缩，为害严重时造成节间变短、弯曲，幼叶向下畸形卷缩，使植株矮缩，甚至枯死。留种株受害不能正常抽薹、开花和结籽。同时蚜虫，还是多种蔬菜病毒病的传播媒介，以菜缢管蚜传毒效能最高，其为害远远大于蚜虫本身。

（二）生活习性

菜缢管蚜和桃蚜每年发生30～40代，甘蓝蚜每年发生10～20代（图3-46）。世代重叠。主要以无翅雌蚜在菜心叶上越冬，桃蚜还可在桃、李、杏等果树枝条上产卵越冬。菜蚜生活最适应的温度为18～25℃，相对湿度为80%，温度过高，相对湿度过低，均不利于其生长、繁殖，短期内会大量死亡。高温高湿有利于其发生（图3-45、表3-3）。

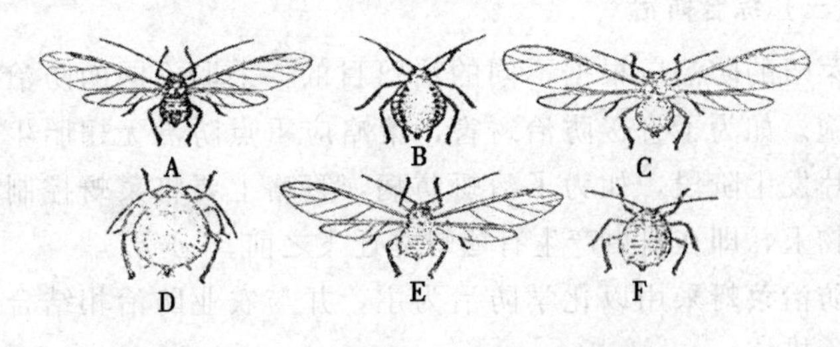

菜蚜（有翅和无翅）A、B桃蚜；C、D菜缢管蚜；E、F甘蓝蚜

图3-45　三种菜蚜的形态特征

表3-3　菜蚜形态特征

	菜缢管蚜	桃蚜	甘蓝蚜
无翅雌蚜	体黄绿色，被少量白色蜡粉	体色差异大，有级、黄绿、橘黄、红褐等，体上无白色蜡粉，也无黑点	体暗绿色，有明显白色蜡粉
有翅雌蚜	头胸部黑色，腹部绿色	头胸部黑色，腹部有绿、黄绿、红褐等，并有明显的暗色横纹	体态完整、头胸部黑色，腹部黄绿色，全身覆有明显的白色蜡粉
腹管	前各腹节两侧都有黑点，腹管较短，腹部显得宽圆	细长，腹部显得狭长	短

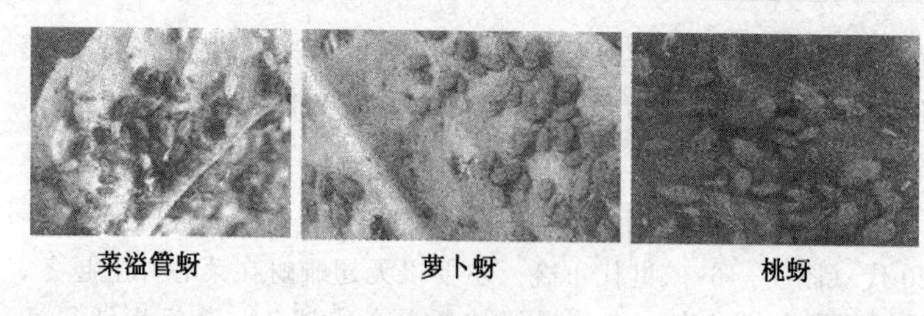

图 3－46　菜蚜卵

蚜虫的天敌种类很多，常见的有异色瓢虫、龟纹瓢虫、食蚜蝇和草蛉。

（三）综合防治

菜蚜的防治应根据不同的治蚜目的，采取不同的防治策略和措施。如为了直接防治蚜害，策略应重点防治无翅胎生雌蚜于点片发生阶段，如为了治蚜防病，策略上要将菜蚜控制在毒源植物上，即在蚜虫产生有翅蚜并迁飞之前。

防治菜蚜采用以化学防治为主，并与农业防治相结合的综合防治措施。

1. 农业防治

选用抗性品种，如白菜中的大青口、小青口，萝卜中的枇把缨等都比较抗虫，“胜利”油菜不但蚜害轻且较能抗病毒病；油菜避免和十字花科蔬菜等连作或邻作，实行轮作，以减少虫源。油菜苗床应远离菜地和桃园，以减少有翅蚜迁入量。间作套种菜田套种玉米，以玉米作屏障阻挡有翅蚜迁入为害，可减轻和推迟病毒病的发生；利用银灰膜避蚜苗床四周铺银灰色薄膜，苗床上方挂银灰色膜条，避蚜效果好。

2. 化学防治

加强预测预报，及时喷药。选择具内吸、触杀作用的低毒农药。一般在蔬菜生长前期和植株封垄以前喷药。喷药时要细致周到，特别注意心叶和叶背要全面喷到。常用有效药剂有：

10%溴氰菊脂乳油 2 000～3 000倍液；50%抗蚜威可湿性粉剂 10～18 克加水 50 千克喷雾；10%吡虫啉可湿性粉剂 10～20 克加水 50 千克喷雾；20%甲氰菊脂 2 000～3 000倍液；48%乐斯本乳油 1 000倍液。

3. 注意事项

抗蚜威的熏蒸作用要在温度为 20℃以上才能发挥，故低温下使用喷药要均匀。乐果对牛、羊的胃毒作用大，对家禽毒性更大，喷过药的植物一个月内不能喂牛、羊。安全间隔期青菜不少于 7 天，白菜不少于 10 天。

二、菜粉蝶

（一）为害症状

菜粉蝶属鳞翅目、粉蝶科，其幼虫称菜青虫，以幼虫食叶成孔洞、缺刻，甚至将全叶吃光，仅留叶脉，同时排出粪便污染菜叶，因而造成减产和影响质量。此外，幼虫为害造成伤口，有利软腐病菌的侵入，常引起细菌性软腐病的发生（图 3－47）。

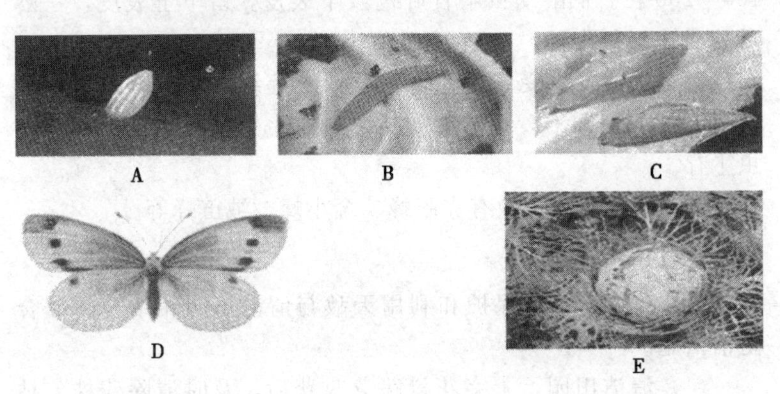

A. 卵；B. 幼虫；C. 蛹；D. 成虫；E. 甘蓝被害症状

图 3－47　菜粉蝶

（二）形态特征（表3-4）

表3-4　菜粉蝶形态特征

成虫	体长15～20毫米，翅展45～55毫米。翅面和脉纹均粉白色，雌虫前翅基部灰黑色，翅顶角有一个三角形黑斑，下方有两个黑色圆斑，后翅前缘有一黑斑。展翅后3个圆斑在一直线上
卵	瓶形，长1毫米。初为淡黄色，后变橙黄色，上有纵横脊起，形成长方形小格
幼虫	老熟幼虫体长20～35毫米，青绿色，背线黄色，体上密生细毛
蛹	体长18～21毫米，纺锤形，背上有3个棱角状突起。体色变化大，有青绿和灰褐等

（三）生活习性

一年的发生世代数自北向南为3～9代。各地均以蛹在菜地附近屋墙、篱笆、树皮裂缝及枯落叶等处越冬。成虫喜在晴朗的白天飞翔，取食花蜜。成虫有趋向十字花科产卵的习性，因此类植物含有芥子油糖苷而诱致产卵。甘蓝类的芥子油糖苷含量较高，所以产卵量最多，为害最重。卵散产，一次产卵数达100～200粒。低龄幼虫啃食叶肉及下表皮，留下上表皮，三龄后咬成缺刻和孔洞。

菜粉蝶的发生受气候、食料及天敌等综合影响。因幼虫发育适温为16～31℃，相对湿度68%～80%，故夏季高温不利幼虫生存。

天敌：菜粉蝶天敌有赤眼蜂、金小蜂、绒茧蜂等。

（四）综合防治

采用化学防治，保护和利用天敌与清洁田园相结合的综合防治措施。

（1）清洁田园。十字花科蔬菜收获后，及时清除残株、枯叶和杂草，消灭幼虫和蛹以减少虫源。

（2）生物防治。菜粉蝶天敌大量发生时，尽量少用药剂以免杀伤天敌。在幼虫2龄前，药剂可选用Bt乳剂500～1 000倍液，或用1%杀虫素乳油2 000～2 500倍液，或用0.6%灭虫灵乳油1 000～1 500倍液等喷雾。施药要比使用化学农药提前2～3天。不能与内吸性的有机磷杀虫剂或杀菌剂混用。

(3) 化学防治。应掌握在2、3龄幼虫高峰期施药。低龄幼虫发生初期，喷洒苏芸金杆菌800～1 000倍液或菜粉蝶颗粒体病毒用20幼虫单位，对菜青虫有良好的防治效果，喷药时间最好在傍晚。

菜青虫世代重叠现象严重，3龄以后的幼虫食量加大、耐药性增强。因此，施药应在2龄前，幼虫发生盛期，可选用20%灭幼脲悬浮剂800倍液、50%辛硫磷乳油1 000倍液等喷雾2～3次。

三、菜蛾

菜蛾又称小菜蛾，属鳞翅目菜蛾科。长江流域及其以南各省普遍发生，为害严重，是十字花科蔬菜的主要害虫之一。主要为害甘蓝、花椰菜、白菜受害最重，同时也为害芥菜、油菜、萝卜等。

菜蛾初龄幼虫仅取食叶肉，留下表皮，在菜叶上形成一个个透明的斑，“开天窗”，3～4龄幼虫可将菜叶食成孔洞和缺刻，严重时全叶被吃成网状。喜在幼苗心叶为害，影响蔬菜生长发育，甚至不能结球、包心。

(一) 形态特征 (图3-48、表3-5)

表3-5　菜蛾形态特征

成虫	体长6～7毫米，翅展12～16毫米，前后翅细长而尖，缘毛很长，前后翅缘呈黄白色三度曲折的波浪纹。静止时两翅折叠呈屋脊状，两翅后缘合拢时呈3个接连的菱形斑，前翅缘毛长并翘起如鸡尾，触角丝状，褐色有白纹，静止时向前伸
卵	椭圆形，稍扁平，长0.5毫米，宽0.3毫米，初产时乳白色，后黄绿色
幼虫	老熟幼虫体长10～12毫米，纺锤形，体节明显，腹部第4～5节膨大，臀足向后伸超过腹末，腹足趾钩单序缺环。幼虫较活泼，触之，则激烈扭动并后退

（续表）

蛹	体长 5～8 毫米，纺锤形，初为淡绿色，后灰褐色。腹部 27 节背面两侧各有一小突起。体外有网状薄茧，外观可透见蛹体

菜蛾：A. 卵；B. 幼虫；C. 蛹；D. 成虫；E. 为害症状

图 3－48　菜蛾各发育状及为害症状

（二）生活习性

菜蛾一年生 4～19 代。秋季发生重于春季。成虫昼伏夜出，白昼多隐藏在植株丛内，日落后开始活动。有趋光性，以 19～23 时是扑灯的高峰期。成虫羽化后很快即能交配，交配的雌蛾当晚即产卵。雌虫寿命较长，产卵历期也长，尤其越冬代成虫产卵期可长于下一代幼虫期。因此，世代重叠严重。每头雌虫平均产卵 200 余粒，多的可达约 600 粒。卵散产，偶尔 3～5 粒在一起。幼虫性活泼，受惊扰时可扭曲身体后退；或吐丝下垂，待惊动过后再爬至叶上。小菜蛾发育最适温度为 20～30℃。此虫喜干旱条件，潮湿多雨对其发育不利。此外若十字花科蔬菜栽培面积大、连续种植，或管理粗放都有利于此虫发生。在适宜条件下，卵期 3～11 天，幼虫期 12～27 天，蛹期 8～14 天。

（三）综合防治

（1）农业防治。合理布局，尽量把十字花科蔬菜早、中、晚和生育期长的品种，与其他蔬菜进行间种，避免周年连作、邻作。收获后，及时清除田园中枯枝落叶。

（2）生物防治。可用细菌农药，如杀螟杆菌、青虫菌、140

等100亿/克活孢子的苏云金杆菌制剂500～1 000倍液。保护天敌，或人工饲养后释放出来控制菜蛾。

（3）性诱剂诱杀。可用当天羽化的雌蛾活体或粗提物诱杀雄蛾。

（4）物理防治。黑光灯诱杀成虫：在成虫发生期，每亩放置黑光灯1盏，灯下放1个大水盆，每天早晨捞去盆中的成虫集中杀死。

（5）化学防治。第一次喷施在卵孵盛期，第二次在卵孵高峰期。可用药剂灭幼脲1号或3号制剂500～800倍液；5%的卡死克乳油2 000倍液或5%的锐劲特胶悬剂3 000倍液等喷雾防治。

菜蛾易对农药产生抗药性，要轮换使用农药，卡死克应提前3天使用。

四、十字花科病毒病

病毒病也是十字花科蔬菜、油菜的主要病害之一。北方以大白菜受害最重，俗称“孤丁病”。南方大白菜、小白菜、油菜、芥菜、萝卜等普遍发病，为花叶病。

（一）症状识别

本病症状在不同的十字花科蔬菜、不同类型的油菜上症状表现有所差异（表3-6、图3-49）。

表3-6　十字花科病毒病症状

蔬菜	症状表现	
大白菜	幼苗期受害，先心叶表现为明脉，后而叶片变为黄绿和深绿相间的斑驳，称为花叶。病叶皱缩不平，心叶扭曲畸。感病愈早，发病愈重	重病株严重的矮化、畸形、不结球
		受害较轻的病株畸形和矮化不严重，尚能部分结球
		受害最轻的病株不显畸形和矮化，只有轻微花叶，能正常结球，但在叶球内部叶片上有许多灰褐色斑点

（续表）

蔬菜	症状表现	
白菜型、芥菜型油菜	典型症状：新生叶片上产生明脉和花叶，叶片皱缩或畸形	苗期感病早而重的植株，常在抽薹前后死亡 感病轻而晚的植株，株形矮化，叶片丛集，花序短缩，角果畸形
甘蓝型油菜	先在新叶上出现针头状透亮小点，后发展为不规则形的黄斑或枯斑。病叶枯黄时，斑点仍清晰可见	

大白菜病毒病症状

油菜病毒病症状

图 3－49　十字花科病毒病症状

（二）发病规律

病毒病的病原有芜菁花叶病毒（TUMV）为最多，病毒粒体为杆状。其次有黄瓜花叶病毒（CMV）和烟草花叶病毒（TMV）。前两者可通过汁液、蚜虫传播。烟草花叶病毒只能由汁液摩擦传播。

病毒可在田间十字花科蔬菜、油菜上越冬，引起次年十字花科作物发病。病毒病感病越早，发病越重。幼苗 6～7 叶期前易感病，称感病的敏感时期，也是蚜虫传毒的危险期。防止幼苗感染是防病的关键。

病毒病的发生也与品种抗性密切相关，一般青帮品种比白帮品种抗病，甘蓝型油菜比白菜型、芥菜型油菜抗病。

（三）综合防治

应采用选种抗病品种和消灭传毒蚜虫为主，加强栽培措施为辅的综合防治措施。

选用丰产抗病良种

(1) 加强栽培管理。调整蔬菜布局，合理间、套、轮作；深翻起垄，施足底肥，增施磷、钾肥；适期播种，避过高温及蚜虫高峰；根据天气、土壤和苗情掌握蹲苗时间，干旱年份缩短蹲苗期；发现病弱苗及时拔除；苗期水要勤灌，以降温保根，增强抗性。

(2) 彻底治蚜。防病苗床驱蚜。可用银色反光膜驱蚜效果良好。秋白菜播种前，喷药消灭邻近菜地及杂草上的蚜虫，避免有翅蚜迁飞传毒。

(3) 化学防治。发病初期可喷撒1.5%植病灵乳油1 000倍液或20%病毒A可湿性粉剂500倍液，0.5%抗毒剂1号水剂200～300倍液等施用。间隔1～10天，连喷施2～3次。

五、十字花科霜霉病

霜霉病是十字花科蔬菜、油菜的主要病害之一。北方以大白菜霜霉病发生最重，在长江流域和沿海地区以白菜、油菜、甘蓝、芥菜、青菜等被害较重。十字花科蔬菜整个生育期中都可受害，一般以晚秋和早春发病较多。

(一) 症状识别

霜霉病主要发生在叶片上，叶片被害时，最初在叶正面产生淡绿色小斑，后逐渐扩大，因受叶脉限制变成多角形或不规则，颜色由淡绿转为黄色至黄褐色，同时在病斑背面长出霜状霉层，受害严重时，叶片枯黄脱落。

油菜、白菜留种株的花梗受害，有的稍弯曲，有的畸形肿胀，扭曲成“龙头拐”状，后期在病部也长出白色霜霉（图3-50）。

花器受害除肥大畸形外，花瓣变成绿色，不久凋落，不能结实。

(二) 发病规律

霜霉病病原属鞭毛菌亚门、霜霉属。在北方地区，病原菌

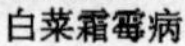

白菜霜霉病　　油菜霜霉病病叶

图 3－50　十字花科霜霉病症状

主要以卵孢子随病残体散落土中，种子中越冬。次年春天随雨水飞溅到叶片引起发病，在病斑上产生孢子囊借风雨传播再侵染。病菌也可以菌丝体在病组织内越冬。病菌从气孔或表皮直接侵入寄主，潜育期短。若环境条件适宜，极易在短期内流行。

霜霉病在低温高湿条件下发生严重，适于病害流行的温度为16℃左右，多雨、多露、多雾，昼夜温差大，时晴时雨，病害易流行。连作比轮作易发病，过多施用氮肥、地势低洼、排水不良、过度密植发病也重。在不同品种中，甘蓝型油菜比白菜型抗病，青帮品种的白菜比白帮品种抗病。

（三）综合防治

霜霉病的发生与气候条件、品种抗性、栽培措施等均有关，其中的气候条件影响最大。

霜霉病防治应以选用抗病品种，加强栽培管理为主，及时进行化学防治等综合防治措施。

选用抗病品种抗病毒病品种一般都抗霜霉病。

种子消毒　可以用种子重量0.4%的药粉剂干拌，药剂有35%的阿普隆粉剂、25%瑞毒霉可湿性粉剂。

加强栽培管理　合理轮作、合理密植、施足底肥、开沟排水等促植株生长健壮，抗病力增强，减轻发病。被病毒病感染的，一般霜霉病也重，一切有利于减轻病毒病的措施，均有利于霜霉病的减轻。包括苗期不要缺水，蹲苗不宜过长，合理灌水施肥，收获后清洁田园，秋季深翻。

化学防治　发病初期或出现发病中心时应立即喷药防治。70%百菌清可湿性粉剂600倍液、70%乙磷铝锰锌可湿性粉剂500倍液、40%三乙膦酸铝（乙磷铝）可湿性粉剂200～300倍液、72%霜脲锰锌（克露、克抗灵，克霜氰）800～1 000倍液每隔7天喷1次，喷2～3次。

六、十字花科蔬菜软腐病

软腐病俗称“烂疙瘩”，又叫腐烂病，是世界性的重要病害。为害严重，为害期长，在田间、贮运期等均能发生，造成损失重大。为害大白菜、油菜、萝卜、甘蓝、菜花等，除十字花科蔬菜外，还为害胡萝卜、番茄、甜椒、马铃薯、洋葱、大蒜、菜等多种蔬菜，因此软腐病与病毒病、霜霉病合称十字花科蔬菜的三大病害。

（一）症状识别

主要有基腐型、心腐型、外腐型3种类型。此病的症状因寄主不同而稍有差异。白菜、甘蓝感病（图3-51）多从包心前期开始发生，病株由叶柄基部开始发病，病部初为水浸状半透明，后扩大为淡灰褐色湿腐，病组织黏滑，失水后表面下陷，常溢出污白色菌脓，并有恶臭，有时引起髓部腐烂。发病初期，病株外叶在烈日下下垂萎蔫，而早晚可以复原，后渐不能恢复原状，病株外叶平贴地面，叶球外露。也有的从外叶叶缘或叶球上开始腐烂，病叶干燥后成薄纸状。病株易被脚踢倒。病情

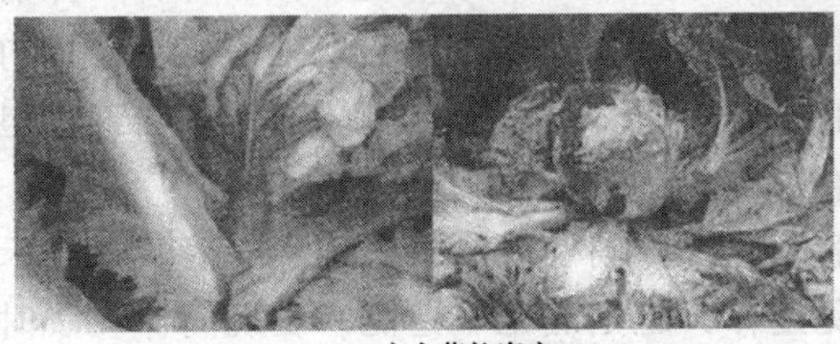

大白菜软腐病

甘蓝软腐病

图3-51　十字花科软腐病症状

严重时，外叶萎垂脱落，露出叶球，称为脱帮。大白菜储存期间，病害继续发展，造成烂窖。

（二）发病规律

病原为欧氏杆菌属细菌。病菌在病株上、土壤中、堆肥里、病残体等均能越冬，成为次年发病的初侵染来源。病原菌通过雨水、灌溉水和昆虫传播，由伤口和细嫩的根部侵入，伤口包括机械伤、虫伤及寄主的自然裂口。

病害发生轻重与寄主生育期、气象条件及栽培管理有密切关系。

软腐病病菌在2～40℃范围内均可侵染，适温是25～30℃。伏天，高热多雨天气极易扩散。白菜、甘蓝包心后多雨天气发病重。天气干燥不利病菌扩散，形不成病害。

害虫为害寄主后造成大量伤口，有利于病菌侵入。如菜青虫、猿叶虫为害后，发生软腐病也较重。

品种间的抗病性差异大，如疏心型白菜较包心型白菜抗病，青帮白菜比白帮白菜抗病，晚熟种比早熟种抗病。

高畦栽培比平畦栽培发病轻。

（三）综合防治

防治软腐病应以加强栽培管理、害虫防治为主，辅以化学防治的综合防治措施。

选用抗病品种

（1）种子处理。可用菜丰宁B1（或50克丰灵）拌种，拌前种子用少量清水润湿，加100克菜丰宁B1（或50克丰灵）拌匀后立即播种。也可用种子重量0.4%的50%DT可湿性粉剂。但不可用链霉素或新植霉素浸种，以免引起药害。

（2）加强栽培管理。深沟高厢栽培，病田应与葱、蒜或禾本科作物轮作，避免连作，施足底肥早追肥。发现病株应及时拔除深埋，并于病穴内施用石灰消毒。

彻底治虫早期防地下害虫外，从苗期起经常检查，发现有菜青虫、猿叶虫等应及时进行防治。

（3）化学防治。自包心前期，发现病株应喷药防治。可用72%农用链霉素1 000～3 000倍液、或用70%敌克松可湿性粉剂800～1 000倍液、或用200毫克/升链霉素可湿性粉剂500倍液喷施。重点喷病株及其周围菜株地表或叶柄，使药液流入菜心，效果更好。

七、茄科青枯病

茄科重要病害之一。严重时，发病率达80%～100%，造成植物成片死亡，减产严重。青枯病寄主范围广，可为害茄子、番茄、辣椒、铃薯、烟草、花生等33科，近100余种植物。

（一）症状识别

青枯病是维管束病害，在茄科作物上的症状共同特征是病株叶片萎蔫，保持绿色，故称青枯（图3－52）。剖视病茎，维管束组织变成褐色。切断病茎，用手挤压有灰白色黏液溢出。番茄受害，苗期不显症，直至坐果初期病株开始出现萎蔫，一般中午明显，早晚恢复正常，如气温，土壤干燥经2～3天便全株凋萎直至死亡，但叶片仍维持绿色。切断病茎维管束变褐色，轻轻挤压有灰白色黏液溢出。茄子、辣椒、马铃薯等感病后的症状与番茄上症状基本相似。

茄子青枯病

番茄青枯病

图3－52　茄科青枯病症状

（二）发病规律

青枯病菌属假单孢子杆菌属细菌。革兰氏染色阴性。生长适温为30～37℃。最适pH值为6.6。病原细菌主要随病残体在土壤中越冬，成为次年发病的初侵染源。此菌能在土壤中营腐生生活，即使没有适当寄主，也能在土壤中存活14个月至6年之久。

环境条件适宜，病菌从寄主的根部或茎基部的伤口侵入，并在维管束的导管内繁殖，将导管阻塞，使导管变褐腐，失去输导功能，植物因缺水而萎蔫。田间病菌主要通过雨水、灌溉水、农具和昆虫传播。

高温高湿的环境最适于青枯病发生。偏酸性土壤、连作地、地势低洼、排水不良，青枯病发生严重。

（三）综合防治

（1）实行轮作。重病田应与禾本科作物轮作4～5年，防效好。

（2）加强栽培管理。选择地势较高的地块作苗床，适时播种，培育无病壮苗。深沟高厢种植。调节土壤酸碱度，使其中性偏酸。合理施肥，适当增施磷、钾肥，喷洒浓度为10毫克/千克硼酸液作根外追肥，提高植株抗病力。中耕时避免伤根，收获后清除病残体烧毁。

（3）化学防治。拔除病株的病穴内浇灌2%福尔马林液或2%石灰水消毒。发病初期可用72%农用硫酸链霉素可溶性粉剂3 000倍液；或用50%代森铵水剂1 000倍液等喷施。间隔7天1次，连用2～3次。

八、番茄病毒病

番茄病毒病全国均有发生，常见的有花叶病、条斑病和蕨叶病三种，田间混合发生，是番茄的主要病害之一。南方以花叶病为主，北方以条斑病和花叶病发生较多。以条斑病对产量影响最大。

（一）症状识别

病毒病往往表现变色、坏死、畸形矮化等症状（表 3－7）。

表 3－7　番茄病毒病症状

症状类型	症状表现
花叶病	病叶呈浓绿、淡绿深绿和鲜黄相间的花叶，新叶变小、变窄，扭曲畸形，下部多卷叶，植株矮化，出现落花、落果，果小质劣
条斑病	在茎、叶、果上产生坏死条斑。茎秆中部先产生暗绿色略凹陷短条斑，后变为深褐色下陷的坏死条斑，并迅速向植株下部蔓延，叶片发黄，叶柄发黑，以致病株黄萎枯死。叶上叶脉为黑褐色油渍状坏死斑。果实上产生不规则油浸状褐色凹陷斑块，果小畸形
蕨叶病	植株矮化，上部叶片细长，形成蕨叶，茎顶部幼叶细长，叶肉组织退化，有的甚至不长叶肉，仅剩中肋，有时呈螺旋形下卷。全部侧枝都生蕨状小叶，呈丛枝状

（二）发病规律

此病害通常由烟草花叶病毒（TMV）和黄瓜花叶病毒（CMV）复合侵染引起的传染性病害。番茄花叶病由烟草花叶病毒（TMV）侵染所致，抗逆性强，蚜虫不能传播，只能以汁液传播。番茄条斑病由烟草花叶病毒（TMV）、黄瓜花叶病毒（CMV）及其他病毒混合侵染所致。番茄蕨叶病是由黄瓜花叶病毒（CMV）侵染所致，蚜虫、汁液均可传播（图 3－53）。

几种病毒的寄主范围广泛。TMV 毒源可在田间栽培、病残体里越冬，也可种子传播；CMV 毒源可在多年生宿根植物或杂草上越冬。

TMV 是接触传播，CMV 蚜虫传播。可通过植物根、茎、叶的伤口直接侵入寄主。农事操作中的分苗、定植、绑蔓、整枝、打杈等都可以使病毒蔓延。在严重发病的地块连作番茄，可使 80％植株感染 TMV。

番部花叶病毒病

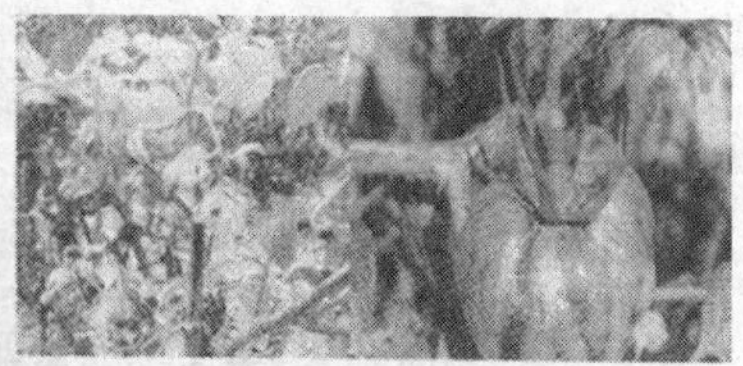
番茄条斑病毒病

番茄蕨叶病毒病

图 3-53 番茄病毒病

番茄病毒病发生轻重与品种、气候条件及栽培管理密切相关。

(三) 综合防治

选用抗病耐病品种

(1) 种子消毒。播前将种子用清水浸泡 3～4 小时，再放在 10%磷酸三钠溶液中浸 20～30 分钟，捞出用清水冲洗催芽播种。浸种时注意控制温度和时间，以防影响发芽。

(2) 加强栽培管理。适时早播，避开病害；培育壮苗，提高抗病毒能力；作业地避免人为传播；病株及时拔除并深埋或烧毁；加强肥水管理，施足基肥，适增磷、钾肥。

(3) 早期治蚜。从苗期到大田定植，要连续用药治蚜，防蚜传毒。可参见十字花科作物菜蚜防治。

(4) 化学防治。初期用 1.5%植病灵乳油 1 000倍液或 20%病毒 A 可湿性粉剂 500 倍液等。间隔 7 天 1 次，喷施 2～3 次。

九、黄守瓜

黄守瓜，属鞘翅目叶甲科，是瓜类蔬菜重要害虫之一。我国为害瓜类的守瓜主要有 3 种：黄守瓜、黄足黑守瓜和黑足黑守瓜。黄守瓜几乎为害各种瓜类，受害最严重的是西瓜、南瓜、甜瓜、黄瓜等，也为害十字花科、茄科、豆科等。

黄守瓜成虫、幼虫都能为害。成虫喜食瓜叶和花瓣，将叶片咬成半环状伤痕和孔洞。咬食嫩茎造成死苗，还可食害花和幼瓜。瓜苗被害后，常带来毁灭性灾害（图 3－54）。

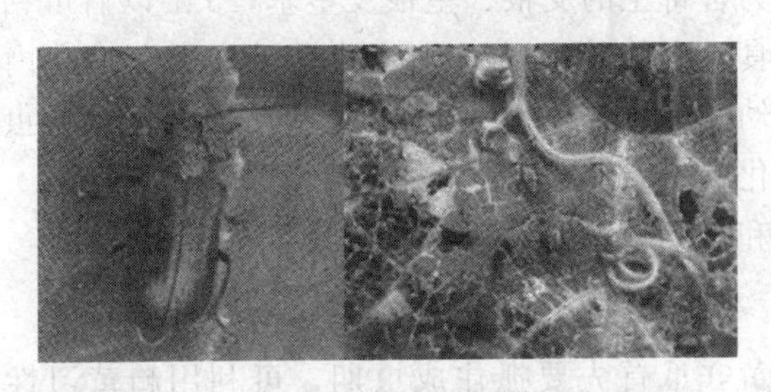

图 3－54　黄守瓜成虫及为害症状

幼虫在地中专食瓜类根部，以叶部受害最重，严重可使植株萎蔫而死。

（一）形态特征

（1）成虫。体长 7～8 毫米。长椭圆形，全体橙黄或橙红色，有时略带棕色。复眼、后胸和腹部腹面均呈黑色。触角丝状，约为体长之半，触角间隆起似脊。前胸背板长方形，中有一较深的波浪形凹沟；鞘翅上密布细点。

（2）卵。长 1 毫米，卵圆形。淡黄色。卵壳背面有多角形网纹。幼虫老熟幼虫体长 12 毫米。长圆筒形，头部黄棕色，胸、腹部为黄白色。

（3）蛹。长 9 毫米，纺锤形。黄白色，接近羽化时为浅黑色。

（二）生活习性

黄守瓜每年发生代数因地而异。我国北方每年发生 1 代，部分 2 代；各地均以成虫集群在避风向阳的田埂土缝、杂草落叶或树皮缝隙内越冬。次年春季温度达 6℃时开始活动，10℃时全部出蛰，为害蔬菜和作物，瓜苗出土达 3～4 片真叶时便转移到瓜苗上为害。

成虫喜在温暖的晴天活动，具假死性、趋黄习性。不易捕捉。产卵在湿润的土壤中，黏土次之，干燥沙土中不产卵。初孵幼虫先为害寄主的支根、主根及茎基，3 龄以后可钻入主根或根茎内蛀食，也能钻入贴近地面的瓜果皮层和瓜肉内为害，引起腐烂。幼虫一般在 6～9 厘米表土中活动。老熟幼虫在根际附近作土室化蛹。

幼虫和蛹不耐水浸，若浸水，24 小时就会死亡。

（三）综合防治

防治黄守瓜首先要抓住成虫期，可利用趋黄习性，用黄盆诱集，以便掌握发生期，及时进行防治；防治幼虫掌握在瓜苗初见萎蔫时及早施药，以尽快杀死幼虫。苗期受害影响较成株大，应列为重点防治时期。

防止成虫产卵植株长至 4～5 片叶以前，可在植株周围撒施石灰粉、草木灰等不利于产卵的物质或撒入锯末、稻糠、谷糠等物，引诱成虫在远离幼根处产卵，以减轻幼根受害。

（1）合理间作。与甘蓝、芹菜等间作，可显著减轻为害程度。

（2）化学防治。幼虫的抗药性较差，防治幼虫药剂可选用 1 500倍液的敌敌畏或 800 倍液的辛硫磷或 30 倍液的烟梗浸泡液，用低压喷灌根部周围以杀灭幼虫，每株用 100 毫升左右稀释液。

瓜苗定植后生长到 4～5 片真叶时，视虫情及时施药。防治越冬成虫可用 90％晶体敌百虫 1 000倍、50％敌敌畏乳油

1 000～1 200倍；喷粉可用2%～5%敌百虫每亩1.5～2千克。也可进行人工捕捉。

十、温室白粉虱

温室白粉虱，俗称小白蛾子，属同翅目，粉虱科。我国各地均有发生，是温室、大棚内植物的重要害虫。寄主范围广。寄主有黄瓜、菜豆、茄子、番茄、青椒、甘蓝、甜瓜、西瓜、花椰菜、白菜、油菜、萝卜、莴苣、魔芋、芹菜等蔬菜及花卉。

成虫和若虫群集在上部嫩叶背面，吸食植物汁液，被害叶片褪绿、变黄、萎蔫，甚至全株枯死。此外，分泌大量蜜液，严重污染叶片和果实，往往引起煤污病的大发生，使蔬菜失去商品价值。

（一）形态特征

（1）成虫。体长1～1.5毫米，淡黄色。翅面覆盖白色蜡状物，停息时双翅在体上合成屋脊状如蛾类，翅端半圆状遮住整个腹部，翅脉简单，沿翅外缘有一排小颗粒。

（2）卵。长0.2毫米，长椭圆形，基部有卵柄，柄长0.02毫米。初产淡绿色，覆有蜡粉，而后渐变褐色，孵化前呈黑色。

（3）若虫。体长0.29毫米，长椭圆形，2龄0.37毫米，3龄0.51毫米，淡绿色或黄绿色，足和触角退化，紧贴在叶片上营固着生活；4龄若虫又称伪蛹，体长0.7～0.8毫米，椭圆形，初期体扁平，逐渐加厚，中央略高，黄褐色，体背有长短不齐的蜡丝，体侧有刺。

（二）生活习性

在北方，温室一年可生10余代，以各虫态在温室越冬并继续为害。成虫有趋嫩性，白粉虱的种群数量，由春至秋持续发展，夏季的高温多雨抑制作用不明显，到秋季数量达高峰，集中为害瓜类、豆类和茄果类蔬菜。在北方由于温室和露地蔬菜生产紧密衔接和相互交替，可使白粉虱周年发生此虫世代重叠严重。除在温室等保护地发生为害外，对露地栽培植物为害也很严重。繁殖适温 18～25℃，成虫有群集性，营有性生殖或孤雌生殖。卵多散产于叶片上。若虫期共 3 龄。各虫态的发育受温度因素的影响较大，抗寒力弱。早春由温室向外扩散，在田间点片发生（图 3－55）。

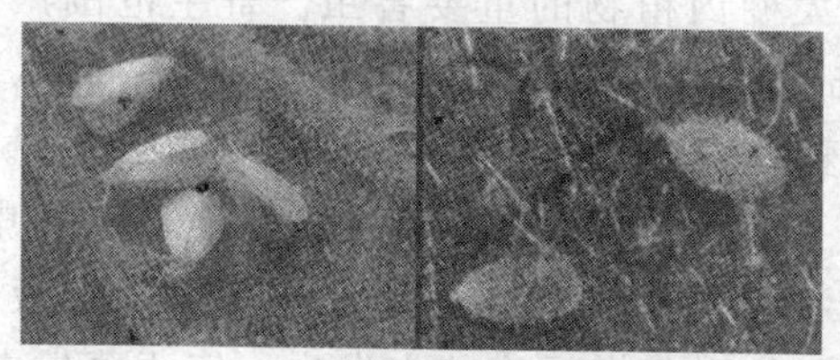

白粉虱成虫、若虫　　诱发的煤污病叶发病症状

图 3－55　温室白粉虱形态特征及发病症状

（三）综合防治

（1）农业防治。培育“无虫苗”育苗时把苗床和生产温室分开，育苗前苗房进行熏蒸消毒，消灭残余虫口；清除杂草、残株，通风口增设尼龙纱或防虫网等，以防外来虫源侵入。

（2）合理种植。避免混栽避免黄瓜、番茄、菜豆等白粉虱喜食的蔬菜混栽，提倡第一茬种植芹菜、甜椒、油菜等白粉虱不喜食、为害较轻的蔬菜。二茬再种黄瓜、番茄。

（3）加强栽培管理。结合整枝打杈，摘除老叶并烧毁或深埋，可减少虫口数量。

（4）生物防治。保护、利用天敌人工释放丽蚜小蜂、草蛉等天敌可防治白粉虱。成虫在 0.5 株以下时，隔两周放 3 次释放丽蚜小蜂成蜂 15 头/株。

（5）物理防治。利用趋黄习性，在发生初期，用黄板涂机油挂于蔬菜植株行间，诱杀成虫。

（6）化学防治。应在虫口密度较低时早期施用，可选用 25％噻嗪酮（扑虱灵）可湿性粉剂 1 000～1 500倍液、2.5％溴氰菊酯（敌杀死）乳油 2 000倍液。每隔 7～10 天喷 1 次，连续防治 3 次。

十一、黄瓜霜霉病

黄瓜霜霉病，俗称跑马干、干叶子，我国各地均有发生，病害来势猛，传播快，除黄瓜外，也可为害甜瓜、南瓜、丝瓜、冬瓜和苦瓜等。

（一）症状识别

苗期成株都可受害，主要为害叶片和茎，卷须及花梗受害较少。发病初期在叶片正面产生淡黄色小斑块，扩大后因受叶脉限制而呈多角形淡黄色病斑，潮湿时在叶背病斑上长有灰紫色霉层，为病菌的孢囊梗和孢子囊。严重时，病斑连接成片，病叶卷曲成黄干叶，易破碎（图 3－56）。

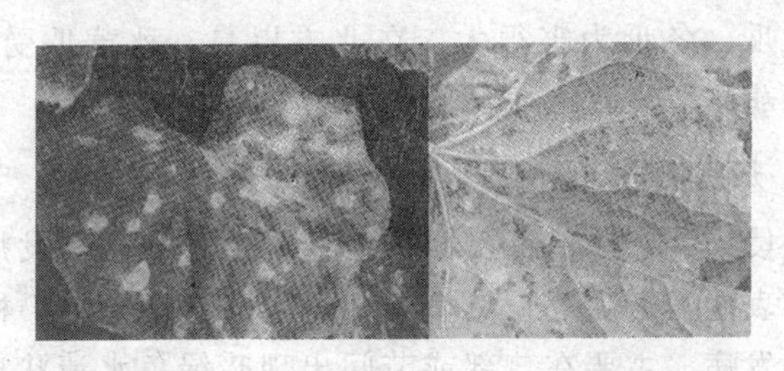

图 3－56　黄瓜霜霉病病叶（正、背面）

（二）发病规律

黄瓜霜霉病病菌属鞭毛菌亚门，假霜霉属。病害在温暖的南方全年不断发生。北方温室黄瓜也能不断产生孢子囊，从而造成保护地和露地黄瓜霜霉病的周年传播。

以孢子囊在土壤或病株残体，或以菌丝体在种子内越冬或越夏。孢子囊随风雨传播，从寄主叶片表皮直接侵入，引起初次侵染。以后随气流和雨水进行多次再侵染。一般保护地发病重于露地。定植过密、氮肥使用过多、开棚通风不及时、肥力差、地势低的瓜地发病重。

（三）综合防治

（1）选用抗病品种。各地可因地制宜选用。

（2）嫁接防病。同时还可防疫病、枯萎病。

（3）加强栽培管理。选择地势较高，排水良好的地块栽培。苗期控制浇水。

（4）化学防治。在发病初期应立即喷药防治。隔7～10天1次，连续2～3次。常用药剂：选用58%甲霜灵锰锌可湿性粉剂600倍液，或用72%杜邦克露可湿性粉剂800倍液，或用69%安克锰锌可湿性粉剂1 000倍液等喷雾；大棚可使用45%百菌清烟熏剂熏蒸。

十二、瓜类疫病

对黄瓜、冬瓜为害很大。在北方以夏、秋黄瓜受害较重。还能侵染葫芦、菜瓜、西瓜、苦瓜等瓜类。

（一）症状识别

主要侵染茎、叶、果各部位，整个生育期均可发病。苗期发病，多表现为嫩尖生长点呈暗绿色水渍状萎蔫，干枯呈秃尖状。成株发病，主要在茎部或节间出现暗绿色水渍状斑，后变软，显著缢缩，病部以上叶片萎蔫或全株枯死，但维管束不变色。叶片受害，产生圆形或不规则形水浸状大病斑。果实发病，表现为水浸状暗绿色斑，后病斑凹陷，病部迅速扩大致瓜腐烂，潮湿时表面长出稀疏白霉（图3-57）。

（二）发病规律

瓜类疫病病菌属鞭菌亚门疫霉属真菌。该病为土传病害，以菌丝体、卵孢子及厚壁孢子随病残体在土壤或粪肥中越冬。次年条件适宜长出孢子囊，借风、雨、灌溉水传播蔓延。病斑上产生的新孢子囊借气流传播，进行再侵染，病害迅速扩散。

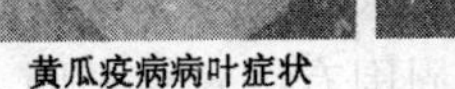

黄瓜疫病病叶症状　　病茎症状　　病果症状

图 3－57　瓜类疫病症状

发病适温 28～30℃，在适温范围内，土壤水分是此病流行的决定因素。地势低洼、排水不良，发病重。卵孢子可在土中存活 5 年，连作地、不洁田园易发病。

（三）综合防治

采取以农业防治为主，辅以化学防治的综合防治措施。

（1）选用抗病品种。

（2）嫁接防病。可防疫病，还可防枯萎病。

（3）避免瓜类连作，实行轮作。

（4）加强田间管理。采用高畦栽植，避免积水。苗期控制浇水。发现病株及时拔除，并施少量石灰至病穴，减少菌源扩散。

（5）化学防治。在发病前开始喷第一次药进行预防，发现发病中心后喷第二次，间隔 7～10 天，连续 3～4 次。常用药剂是 58%甲霜灵锰锌可湿性粉剂 500 倍液，或用 64%杀毒矾可湿性粉剂 500 倍液喷雾或浇灌。

第八节　花　生

一、花生褐斑病

花生褐斑病是世界花生产区最严重的叶部病害之一。又称花生早斑病。我国各花生产区普遍发生，是我国花生上分布最广、为害最重的病害之一。受害田块一般减产 10%～20%，严重的减产 40%以上。

（一）症状

又称花生早斑病。主要为害花生叶片，初为褪绿小点，后扩展成近圆形或不规则形小斑，病斑较黑斑病大而色浅，叶正面呈暗褐或茶褐色，背面呈褐或黄褐色，病斑周围有亮黄色晕圈。湿度大进病斑上可见灰褐色粉状霉层，即病菌分生孢子梗和分生孢子。叶柄和茎秆染病病斑长椭圆形，暗褐色（图 3－58）。

图 3－58　褐斑病为害叶片症状

（二）发病原因

褐斑病发生的温度范围 5～36℃，最适温度为 25～28℃，并需要高湿，在露水中产生分生孢子量多。在地势较低洼的地块容易发病，一般在植株生长繁茂、嫩绿而又少见阳光的叶片上比较多见。

（三）传播途径

病菌以子座、菌丝团或子囊腔在病残体上越冬。翌年条件适宜，产生分生孢子，借风雨传播进行初侵染和再浸染。菌丝直接伸入细胞间隙和细胞内吸取营养。一般不产生吸器。

(四) 防治方法

(1) 选用抗病品种。在同一地块里实行多个品种搭配种植，或者隔年轮换品种种植，防止因品种单一化抗病性退化而引起的褐斑病流行。

(2) 加强田间管理。在栽培管理上，应该避免偏施氮肥，增施磷钾肥，适时喷施磷酸二氢钾等叶面营养剂，促进植株稳定、健康地生长。管理过程中，整理好排灌系统，雨后清沟及时排水。

(3) 药剂防治。在花期过后，我们就要及时地预防褐斑病的发生，可选用45％三唑酮可湿性粉剂 800～1 000倍液，连喷2～3 次，隔 10～15 天 1 次，可以适当增加喷药次数。

二、花生黑斑病

花生黑斑病又称晚斑病，俗称“黑疸”“黑涩”病等，为国内外花生产区最常见的叶部真菌病害。本病在花生整个生长季节皆可发生，但其发病高峰多出现于每造花生的生长中后期，故有“晚斑”病之称。常造成植株大量落叶，致荚果发育受阻，产量锐减。

(一) 症状

本病在花生整个生长季节皆可发生，但其发病高峰多出现于每造花生的生长中后期，故有“晚斑”病之称。主要为害叶片，严重时叶柄、托叶、茎秆和荚果均可受害。叶斑近圆形，黑褐色至黑色，直径 1～5 毫米不等，斑外黄晕不明显，但斑面病征呈轮纹状排列的小黑点（病菌分孢座）明显。叶柄、茎秆等染病严重时常变黑枯死（图 3－59）。

(二) 发病原因

病害的发生流行同温湿度、栽培管理、品种等因素有密切关系。适温高湿的天气，尤其是植株生长中后期降雨频繁，田

图 3-59 花生黑斑病为害叶片症状

间湿度大或早晚雾大露重天气持续最有利发病。植株生育前期发病轻，后期发病重；嫩叶发病轻，成叶和老叶发病重；连作地、沙质土或植地土壤瘠薄，或施肥不足，植株生势差发病也较重。品种间抗病性有差异，一般以直生型品种较蔓生型或半蔓生型品种发病轻。叶片小而厚、叶色深绿、气孔较小的品种病情发展较缓慢；野生种抗性较强，可作为抗病亲本加以利用。

(三) 传播途径

病菌以菌丝体或分孢座随病残体遗落土中越冬，或以分生孢子粘附在种荚、茎秆表面越冬。翌年以分生孢子作为初侵染与再侵接种体，借风雨传播，从寄主表皮或气孔侵入致病。

(四) 防治方法

应以换种抗病品种和加强管理为基础，以喷药控病为保证的综合防治措施。具体应抓好下述环节。

(1) 选育和换种。抗病高产良种湛江 1 号、粤油 22 号、粤油 92 号、鲁花 11 号、花 22 号、花 25 号等较抗病，可因地制宜选用。

(2) 适期播种，合理密植，善管肥水，注意田间卫生等。

(3) 药剂防治。喷药预防控病宜抓早治和连续治。可选用 45%三唑酮福美双可湿粉剂 800～1 000倍液；或 20%三唑酮硫磺悬浮剂 600～800 倍液、70%甲基托布津可湿性粉剂 1 000倍液，或用 50%多菌灵 800 倍液，也可用 80%喷克可湿性粉剂 600 倍液、43%戊唑醇悬浮剂、25%戊唑醇水乳剂 1 000～1 500 倍液等。连喷 2～3 次，隔 10～15 天 1 次，交替使用。

三、花生网斑病

花生网斑病又称褐纹病、云纹斑病，常与叶斑病混合发生，可造成早期花生叶片脱落，严重影响花生产量。

（一）症状

又称褐纹病、云纹斑病。常在花期染病，先侵染叶片，初沿主脉产生圆形至不规则形的黑褐色小斑，病斑周围有褪绿晕圈，后在叶片正面现边缘呈网纹状的不规则形褐色斑，且病部可见粟褐色小点，即病菌分生孢子器不透过叶面。阴雨连绵时叶面病斑较大，近圆形，黑褐色；叶背病斑不明显，淡褐色，重者病斑融合。病部可见粟褐色小点，即病菌分生孢子器。干燥条件下病斑易破裂穿孔。生产上该病常与褐斑病、黑斑病混合发生，造成严重落叶（图 3－60）。

图 3－60　花生网斑病为害症状

（二）发病原因

在花生生长中后期，连续阴雨，病害易于流行；花生品种间抗病性有差异。

（三）传播途径

病菌以菌丝和分生孢子器在病残体上越冬。翌年条件适宜时从分生孢子器中释放分生孢子，借风雨传播进行初侵染。分生孢子产生芽管穿透表皮侵入，菌丝在表皮下呈网状蔓延，毒害邻近细胞，引起大量细胞死亡，形成网状坏死斑。病组织上产生分生孢子进行多次再侵染。

（四）防治方法

（1）选用抗病品种。如群育 101、P12、鲁花 9 号、鲁花 13 号、鲁花 11 号、14 号、15 号等。

（2）与非豆科作物轮作 1～2 年。

（3）清洁田间，收获后及时清除病残体。

（4）药剂防治。发病初期喷洒 70％代森锰锌可湿性粉剂 500～600 倍液或 75％百菌清可湿性粉剂 700～800 倍液、64％杀毒矾可湿性粉剂 500 倍液、70％乙磷·锰锌可湿性粉剂 500 倍液、80％喷克可湿性粉剂 600 倍液。隔 10～15 天 1 次，连防 2～3 次。

四、花生茎腐病

花生茎腐病是花生的常见病害，俗称“倒秧病”“卡脖病”“死秧”，各花生产区均有发生，以江苏、山东发生最重，发病率一般为 10％～20％，严重的达 60％～70％，常造成整株枯死，减产 60％。该病还可为害棉花、甘薯、柑橘、赤豆、绿豆等 20 多种作物。

（一）症状

从苗期到成株期均可发生，但有两个发病高峰，即苗期和结果期。为害子叶、根和茎等部位。

种子萌发后即可感病，受害子叶黑褐色，呈干腐状，并可沿子叶柄扩展到茎基部，茎基受害，初产生黄褐色、水渍状不规则形病斑，随后变为黑褐色腐烂，病株叶片变黄，萎蔫下垂，数天后即可枯死。潮湿条件下，病部密生黑色突起小点（分生孢子器）；干燥时病部皮层紧贴茎秆，髓中空。花生成株期多为害主茎和侧枝的基部，初期产生黄褐色水渍状病斑，以后病斑向上向下扩展，造成根、茎基变黑枯死，有时可扩展到茎秆中部，或直接侵染茎秆中部，使病部以上茎秆枯死，病部以下茎秆仍可生长。但最终仍向下扩展造成全枝和整株枯死。病部易折断，地下荚果不实，或脱落腐烂。病部密生小黑点（图3-61、图3-62）。

图3-61　花生茎腐病初期为害症状

图3-62　花生茎腐病后期为害症状

（二）发病原因

花生品种及种子质量对病害发生轻重影响很大。花生品种间抗病性有差异，一般直立型的花生发病重。花生在收获前受水淹，使荚果带菌率提高；或收获后遇阴雨天气，种子没有及时晒干，贮藏中发霉，播种后发病都重。据调查，播种发霉种子，田间发病率可达25%，正常种子发病率仅为3%～4%。气候条件对病害发生也有很大影响。当5厘米土温稳定在23～25℃，相对湿度60%～70%，旬降水量10～40毫米，有利于病害发生。当大雨后骤晴，或气候干旱，土表温度高，植株易受灼伤，病害发生亦重。因此沙土地、红土地亦利于病害发生。

耕作栽培管理措施对病害发生也有很大影响。一般连作田发病重，轮作田发病轻；深翻田比不深翻田发病轻；施腐熟有机肥多的田比施肥少的田发病轻；播种早的比播种晚的发病重；管理粗放田比管理精细田发病重；地下害虫多的田块比地下害虫少的田块发病重。

（三）传播途径

病菌在遗留田间的病株残体、土壤、果壳、种子和粪肥中越冬，成为次年初侵染源。病菌在土壤中分布很深，在多年连作的轻沙土中深60厘米处仍有病菌，但以0～15厘米的表层土内最多。病株喂牛后排出的粪便及用病残体、病土沤制的粪肥，若不经高温发酵，病菌并不完全死亡。经山东省分离，病株果壳、果仁的带菌率分别达37.4％和65.4％。花生茎腐病菌是一种弱寄生菌，主要从伤口侵入，尤其是从阳光直射和土表高温造成的灼伤侵入，也可直接侵入，但直接侵入潜育期长、发病率低。病菌在田间主要借流水、风雨传播，也可靠人、畜、农具在农事活动中传播，进行初侵染和再侵染。调运带菌的荚果、种子可使病害远距离传播。

（四）防治方法

（1）选用抗病品种。如巨野小花生、农花26、蓬莱白粒小花生等对该病均有一定抗性。

（2）种子消毒。用种子重0.25～0.5的50％多菌灵＋50％福美双（1∶1）拌种，防病增产效果十分显著，防病效果可达99％以上，并可兼治根腐、冠腐、立枯等病害，平均增产30％左右。

（3）病田可与禾谷类作物和其他非寄主作物轮作，轻病田轮作1～2年，重病田轮作2～3年。不要与棉花、甘薯及豆类等寄主作物轮作。花生收获后及时清除田间病残体，并进行深翻。施足基肥，追施草木灰，根据土壤墒情，适时排灌。

（4）药剂防治。用50％多菌灵，在花生齐苗后和开花前各喷 1 次，或在发病初期喷药 1～2 次，对该病也有一定防治效果。

五、花生锈病

花生锈病在我国南方花生产区普遍发生，为害较重。近年来，北方花生产区也有扩展蔓延的趋势。花生发生锈病后，植株提早落叶、早熟。发病愈早，损失愈重。发病后，一般减产 15%，严重时减产 50%。该病除对产量影响外，出仁率和出油率也显著下降。

（一）症状

叶片染病初在叶片正面或背面出现针尖大小淡黄色病斑，后扩大为淡红色突起斑，表皮破裂露出红褐色粉末状物，即病菌夏孢子。下部叶片先发病，渐向上扩展。叶上密生夏孢子堆后，很快变黄干枯，似火烧状。叶柄、托叶、茎、果柄和果壳染病夏孢子堆与叶上相似，椭圆形，但果壳上数量较少（图 3-63、图 3-64）。

图 3-63　花生锈病为害叶片正面症状

图 3-64　花生锈病为害叶片背面症状

（二）发病原因

夏孢子萌发温度 11～33℃，最适 25～28℃，20～30℃病害潜育期 6～15 天。春花生早播病轻，秋花生早播则病重。施氮过多，密度大，通风透光不良，排水条件差，发病重。水田花生较旱田病重。高温、高湿、温差大利于病害蔓延。

（三）传播途径

该病在广东、海南等四季种植花生地区辗转为害，在自生苗上越冬，翌春为害春花生。北方花生锈病初侵染来源尚不清楚。夏孢子借风雨形成再侵染。

（四）防治方法

（1）选种抗（耐）病品种如粤油 22、粤油 551、汕油 3 号、恩花 1 号、红梅早、战斗 2 号、中花 17 等。

（2）因地制宜调节播期，合理密植，及时中耕除草，做好排水沟、降低田间湿度。改大畦为小畦。增施磷钾肥。

（3）清洁田园，及时清除病蔓及自生苗。

（4）药剂防治。发病初期喷洒 95%敌锈钠可湿性粉剂 600 倍液或 75%百菌清可湿性粉剂 500 倍液、胶体硫 150 倍液、1∶2∶200 倍式波尔多液、15%三唑醇（羟锈宁）可湿性粉剂 1 000 倍液，每亩用对好的药液 60～75 升。喷药时加入 0.2%展着剂（如洗衣粉等）有增效作用。第一次喷药适期为病株率 50%，病叶率 5%，病情指数小于 2。

六、花生根腐病

花生根腐病，也叫“鼠尾”“烂根”，是花生枯萎病中的一种真菌性病害，全国各花生产区均有发生，主要引起根腐死苗，造成缺株断垄，甚至使植株大部分或全部死亡。

（一）症状

各生育期均可发病。侵染刚萌发的种子，造成烂种；幼苗受害，主根变褐，植株枯萎。成株受害，主根根颈上出现凹隐长条形褐色病斑，根端呈湿腐状，皮层变褐腐烂，易脱离脱落，无侧根或极少，形似鼠尾。潮湿时根颈部生不定根。病株地上部矮小，生长不良，叶片变黄，开花结果少，且多为秕果（图 3－65）。

图 3－65　花生根腐病田间为害症状

（二）发病原因

通常植地连作、地势低洼、土层浅薄、持续低温阴雨或大雨骤晴、或少雨干旱的不良天气发病较重。

（三）传播途径

病菌在土壤、病残体和种子上越冬，成为翌年初侵染源。病菌主要借雨水、农事操作传播，从伤口或表皮直接侵入，病株产生分生孢子进行再侵染。

（四）防治方法

（1）种子消毒用种子重量 0.3％的 40％三唑酮、多菌灵可湿粉加新高脂膜拌种，密封 24 小时后播种。

（2）合理轮作。因地制宜确定轮作方式、作物搭配和轮作年限。

（3）抓好栽培管理。整治排灌系统，提高植地防涝抗旱能力，雨后及时清沟排渍降湿；增肥改土，精细整地，提高播种质量；视天气条件适期播种；注意施用净肥，抓好田间卫生，在花生前期管理中应及时喷施促花王 3 号，抑制促梢旺长，促进花芽的分化，合理追肥浇水，并在开花前期、幼果期、果实膨大期喷施地果壮蒂灵使地下果营养输导管变粗，提高地果膨大活力，增加花生的产量。

(4) 及时施药预防控病。齐苗后加强检查，发现病株随即采用喷雾或淋灌办法施药封锁中心病株。可选用96%天达恶霉灵3 000倍液，或用40%三唑酮、多菌灵可湿粉1 000倍液。隔7～15天1次，连喷2次，交替施用，喷足淋透。

七、花生焦斑病

花生焦斑病又称花生早斑病、叶焦病、枯斑病。我国各花生产区均有发生，严重时田间病株率可达100%。在急性流行情况下可在很短时间内，引起大量叶片枯死，造成花生严重损失。

(一) 症状

先从叶尖或叶缘发病，病斑楔形或半圆形，由黄变褐，边缘深褐色，周围有黄色晕圈，后变灰褐、枯死破裂，状如焦灼，上生许多小黑点即病菌子囊壳。叶片中部病斑初与黑斑病、褐斑病相似，后扩大成近圆形褐斑。该病常与叶斑病混生，有明显胡麻斑状。在焦斑病病斑内有黑斑病或褐斑病或褐斑病、锈病斑点。茎及叶柄染病，病斑呈不规则形，浅褐色，水渍状，上生病菌的子囊壳。急性发作可造成整叶黑褐色枯死（图3-66、图3-67、图3-68）。

图3-66 花生焦斑病初期为害症状

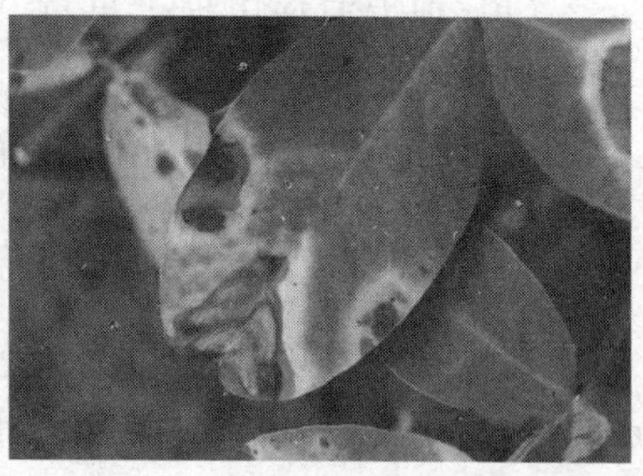

图3-67 花生焦斑病为害叶片后期症状

图 3－68　花生焦斑病为害茎部症状

（二）发病原因

该菌生长温限 8～35℃，最适 28℃，高温高湿有利于孢子萌发和侵入。田间湿度大、土壤贫瘠、偏施氮肥发病重。黑斑病、锈病等发生重，焦斑病发生也重。太平红、合浦 751、粤油 551 等品种抗病性差，发病重。

（三）传播途径

病菌以子囊壳和菌丝体在病残体上越冬或越夏，遇适宜条件释放子囊孢子，借风雨传播，侵入寄主。病斑上产生新的子囊壳，放出子囊孢子进行再侵染。

（四）防治方法

（1）选育抗病品种如福矮 50、湛花 16、汕油 13 等。

（2）施足基肥，增施磷钾肥，适当增施草木灰。

（3）雨后及时排水降低田间湿度。播种密度不宜过大。

（4）发病初期喷洒 50%多。硫悬浮剂 250 倍液，或用 80%代森锰锌可湿性粉剂 400 倍液，或用 12.5%烯唑醇乳油 2 000倍液，或用 70%甲基硫菌灵可湿性粉剂 1 000倍液，或用 50%多菌灵可湿性粉剂 1 000倍液，或用 75%百菌清可湿性粉剂 800 倍液，或用 15%三唑酮可湿性粉剂 500 倍液。几种药剂应轮换施用。每隔 10～15 天喷 1 次，共喷 2～3 次。

八、花生炭疽病

花生炭疽病主要在吉林、河南、广西等南北花生产区有发生。本病有平头炭疽菌［*Colletotrichum truncatum*（Schw.）Andr. et Moore］真菌侵染所引起，一般为害不大。

（一）症状

下部叶片发病较多。先从叶缘或叶尖发病。从叶尖侵入的病斑沿主脉扩展呈楔形、长椭圆或不规则形；从叶缘侵入的病斑呈半圆形或长半圆形，病斑褐色或暗褐色，有不明显轮纹，边缘黄褐色，病斑上着生许多不明显小黑点即病菌分生孢子盘（图 3-69、图 3-70）。

图 3-69　花生炭疽病为害叶片正面症状

图 3-70　花生炭疽病为害叶片背面症状

（二）发病原因

温暖高湿的天气或植地环境有利于发病；连作地偏施或过施氮肥、植株长势过旺的地块往往发病较重。

（三）传播途径

病菌以菌丝体和分孢盘随病残体遗落土中越冬，或以分生孢子粘附在荚果或种子上越冬。土壤病残体和带菌的荚果和种子就成为翌年病害的初侵染源。分生孢子为初侵与再侵接种体，借雨水溅射或小昆虫活动而传播，从寄主伤口或气孔侵入致病。

(四) 防治方法

应采取以农业防治为基础，喷药预防为保证的综合防治措施．具体应抓好下述环节。

（1）重病区注意寻找抗病品种。

（2）重病区提倡轮作。

（3）播前连壳晒种，精选种子，并用种子重量0.3%的70%托布津+70%百菌清（1：1）可湿粉或45%三唑酮福美双可湿粉拌种，密封24小时后播种。

（4）加强肥水管理。配方施肥，避免偏施过施氮肥；整治植地排灌系统，雨后及时清沟排渍，降低田间湿度。

（5）发病初期，可选用25%溴菌腈可湿性粉剂600倍液或50%咪鲜胺锰盐可湿性粉剂1 000倍液，连喷2～3次，隔7～15天喷1次，交替喷施。

九、黄地老虎

黄地老虎是一种多食性作物害虫。均以幼虫为害。

(一) 症状

幼虫多从地面上咬断幼苗，主茎硬化可爬到上部为害生长点。

(二) 发病原因

成虫体长15～18毫米，翅展32～43毫米。全体黄褐色。前翅基线，内、外横线及中横线多不明显，肾状纹、环状纹、棒状纹则很明显。卵高0.44～0.49毫米，宽0.69～0.73毫米。扁圆形，顶部较隆起，底部较平，黄褐色。幼虫体长35～45毫米，宽5～6毫米。黄色，腹部末节硬皮板中央有黄色纵纹，两侧各有1个黄褐色大斑。

(三) 传播途径

在新疆北部1年发生2代，河北、内蒙古、陕西、甘肃河西及新疆南部、黄淮地区 3 代，山东 3～4 代。以蛹及老熟幼虫在土中的 10 厘米深处越冬。在新疆北部调查，89.2%以老熟幼虫，少数以 4～5 龄幼虫在田埂上越冬。在内蒙古、山东为害盛期为 5—6 月，在新疆则在春季秋季两度严重为害。此虫的生活习性与小地老虎相似。每头雌蛾可产卵 300～600 粒。产卵量也与补充营养的状况有关。产卵期 3～4 天。喜在土质疏松，植株稀少处产卵。一般 1 个叶片 3～4 粒，至 10 余粒不等，最多可达用余粒。卵通常在叶背面，也有少数产在叶正面，或嫩尖，幼茎上的。成虫有趋光性，对糖醋液也很喜好。初孵幼虫有食卵壳习性，常食去一半以上的卵壳。1 龄幼虫一般咬食叶肉，留下表皮，也可聚于嫩尖咬食。2 龄幼虫咬食叶肉，也可咬断嫩尖，造成断头。3 龄幼虫常咬断嫩茎。4 龄以上幼虫在近地面将幼茎咬断。6 龄幼虫食量剧增，一般 1 夜可为害 1～3 株幼苗，多的可到 4～5 株，茎平较硬化时，仍可在近地面处将茎干啃食成环状，使整株蔫萎而死。此虫为害区主要在西北干旱地区，但过分干旱的地块发生也较少。新疆北部，在其产卵期内，灌水地无论翻耕与否，杂草多少，为害都较严重。在春播期，早灌水、早播种和晚灌水、晚播种的为害较轻。灌水期与成虫盛发期一致的为害重。

（四）防治方法

（1）诱杀成虫。在发蛾盛期用黑光灯或糖醋酒液诱杀，是防治地老虎的有效而简便的方法。用糖醋酒液诱杀效果虽然很好，但成本较高，可因地制宜地选取适当代用品。如可用红薯 1.5 千克煮熟捣烂加少量酵面发酵至带酸味，加等量水调成糊状，再加醋 0.5 千克及 25%西维因可湿性粉剂 50 克，盛于盘中，于近黄昏时放于苗圃地中。

（2）清除杂草。杂草是地老虎产卵的主要场所及幼龄幼虫的食料。在春播幼苗出土前或幼虫 1、2 龄时除草。清除的杂草要及时运出沤肥或烧毁，防止杂草上的幼虫转移到幼苗上为害。

(3) 桐叶诱杀幼虫。将新从桐树摘下的老桐叶于傍晚放于苗圃地上，每亩放60～80片叶。清晨进行检查，捕杀叶下诱到的幼虫。连续3～5天，效果可达95%。为了节省劳力，可将桐叶浸于90%敌白虫100倍液后再放，可取得较好效果。

(4) 人工捕杀。清晨巡视苗圃，发现断苗时，刨土捕杀幼虫。

(5) 药剂防治。用害敌百虫1 000倍液、20%乐果乳油300倍液，75%辛硫磷乳油1 000倍液喷雾。或将幼嫩多汁的鲜青草25～40千克加25%西维因粉剂均匀混合；或用90%晶体敌百虫0.5千克，加水25～5千克，拌鲜草50千克，于傍晚撒于苗床上，防治4龄以上幼虫。

第九节　甘　薯

一、甘薯黑斑病

甘薯黑斑病是甘薯生产上的一种重要病害，分布广泛，我国各甘薯生产区均有发生。由甘薯长缘壳菌引起，局部为害严重。

(一) 症状

主要为害块根及幼苗茎基部，不侵染地上的茎蔓。育苗期病苗生长不旺，叶色淡。病基部长出椭圆形或梭形病斑梢凹陷，病斑初期有灰色霉层，后逐步出现黑色刺毛状物和黑色粉状物。病斑逐渐扩大，使苗的基部变黑，呈黑脚状而死。严重时苗未出土即死于土中。种薯变黑腐烂，造成烂床。圆筒形、棍棒形或哑铃形。分生孢子可随时萌发生出芽管，在芽管顶端再串生小的内生次生孢子；但有时也可萌发后形成厚垣孢子，暗褐色椭圆形，壁厚，能抵抗不良环境（图3－71）。

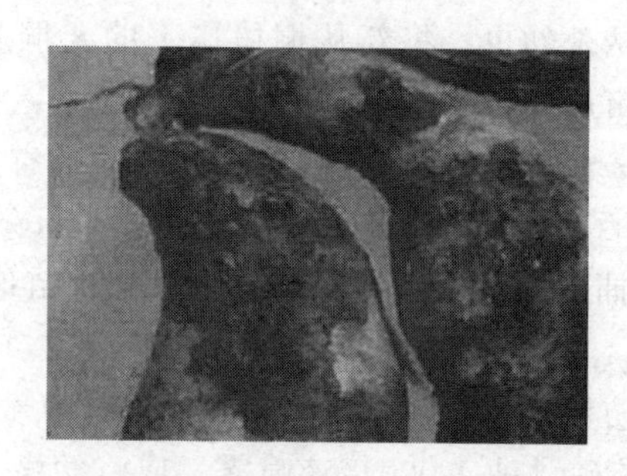

图 3－71　甘薯黑斑病为害薯块症状

（二）发病原因

窖藏期如不注意调节温湿度，特别是入窖初期，由于薯块呼吸强度大，散发水分多，薯块堆积窖温高，在有病源和大量伤口情况下，很易发生烂窖。育苗时，主要病源为病薯，其次带菌土壤和带病粪肥，也能引起发病。黑斑病发病温度与薯苗生长温度一致，最适温度为 25～27℃，最高 35℃；高湿多雨有利发病，几地势低洼、土壤黏重的地块发病重；土壤含水量在14%～60%，病害随温度增高而加重。不同品种抗病性有差异；植株不同部位差异显著，地下白色部分最易感病，而绿色部分很少受害。

（三）传播途径

侵染来源：病原菌主要以厚壁孢子和子囊孢子在病斑上或沾染在薯块表面随贮藏越冬。病薯上的菌可在苗床上使苗子发病，病苗再带菌传到大田。所以病薯病苗是主要侵染来源，其次是病土、肥，旧贮藏窖、旧苗床等。再次侵染：幼苗上产生的分生孢子、子囊孢子经传播后可进行多次再侵染。如苗床上形成的发病中心借浇水向四周扩散，拔苗时病苗夹杂在健苗之间病菌可沾染在健苗上，栽下去即可发病。侵染途径：以伤口侵染为主，其次是自然孔口。伤口的形成，如贮藏运输过程中的机械伤口、拔苗伤口、虫伤等，自然伤口如芽眼等。

传播：近距离传播主要是农事操作（工具）、流水（浇水）等。远距离传播主要通过种薯种苗调运传播。

（四）防治方法

（1）培育无病薯苗。种薯苗经过严格挑选，汰除病、虫、冻、伤薯块，然后进行消毒处理。

（2）浸种用50～54℃温水浸种处理10分钟，适用于北方火炕育苗。

（3）药剂浸种。用50%多苗灵可湿性粉剂800～1 000倍液浸种5分钟，或用50%托布津可湿性粉剂500倍液浸种5分钟。种薯上床前要施足底肥，浇足水，育苗期注意保温、炼苗，培育无病壮苗。在北方火炕育苗，可采用高温，即在种薯上炕后3天内，将床温提高到35～38℃，以杀灭病菌，以后经常保持25～30℃，并注意炼苗，每次拔苗后浇水，升炕温1～2天，以利伤口愈合。

（4）栽插无病薯苗。大田栽插时要严格汰除病苗粉剂3 000倍液浸薯苗基部（6厘米左右）243分钟；或剪取春薯蔓扦插，均可收到良好防效。

（5）适时收获，安全贮藏。同贮藏病害。然后用50%多菌灵可湿性粉剂3 000倍浸薯苗基部般温床育情，剪苗后浸药。

二、甘薯软腐病

甘薯软腐病为甘薯贮藏期的主要病害之一。分布广泛，全国各甘薯生产区均有发生，由黑根霉菌（*Rhizopus nigricans* Ehvb.）引起，能为害多种作物。

（一）症状

甘薯软腐病俗称水烂。是采收及贮藏期重要病害。薯块染病，初在薯块表面长出灰白色霉，后变暗色或黑色，病组织变为淡褐色水浸状，后在病部表面长出大量灰黑色菌丝及孢子囊，黑色霉毛污染周围病薯，形成一大片霉毛，病情扩展迅速，

2～3天整个块根即呈软腐状，发出恶臭味（图3-72、图3-73）。

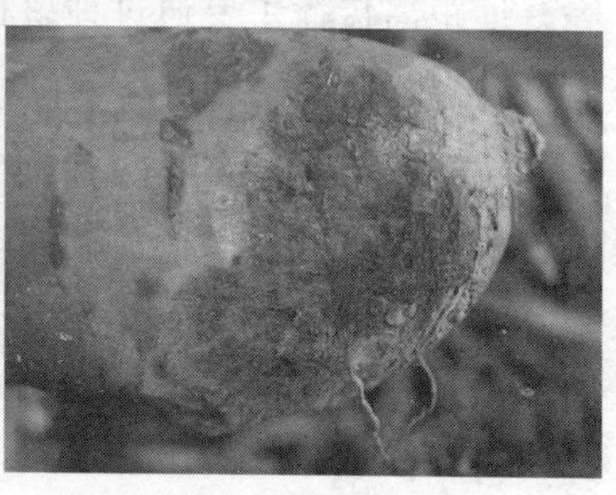

图3-72　甘薯软腐病剖为害薯块横剖面症状

图3-73　甘薯软腐病为害薯块症状

（二）发病原因

薯块处在温度15～25℃、相对湿度在75%～85%环境下最适宜该菌繁殖。薯块有伤口时或甘薯受冻后最容易感染而发病。

（三）传播途径

病菌附着在被害作物和贮藏窖内越冬，为初次侵染源。病菌从伤口侵入，病组织产生孢囊孢子借气流传播，进行再侵染。薯块损伤、冻伤，易于病菌侵入。

（四）防治方法

（1）适时收获，适时入窖，避免霜害。

（2）清洁薯窖，消毒灭菌。旧窖要打扫清洁，或将窖壁刨一层土，然后用硫黄熏蒸（每立方米用硫黄15克）。

（3）种用薯块入窖前用50%甲基托布津可湿性粉剂500～700倍液，或用50%多菌灵可湿性粉剂500倍液，浸蘸薯块1～2次，晾干入窖。

三、甘薯茎线虫病

甘薯茎线虫病又叫空心病，是国内植物检疫对象之一。在重病田春薯减产30%～70%，夏薯减产10%～30%。除为害甘薯外，还为害马铃薯、蚕豆、小麦、玉米、蓖麻、小旋花、黄蒿等作物和杂草。

（一）症状

甘薯茎线虫病主要为害甘薯块根、茎蔓及秧苗。秧苗根部受害，在表皮上生有褐色晕斑，秧苗发育不良、矮小发黄。茎部症状多在髓部，初为白色，后变为褐色干腐状。块根症状有糠心型和糠皮型。糠心型，由染病茎蔓中的线虫向下侵入薯块，病薯外表与健康甘薯无异，但薯块内部全变成褐白相间的干腐；糠皮型，线虫自土中直接侵入薯块，使内部组织变褐发软，呈块状褐斑或小型龟裂。严重发病时，两种症状可以混合发生（图3-74、图3-75、图3-76）。

图3-74　甘薯茎线虫病为害薯块症状

图3-75　甘薯茎线虫病为害薯块横剖面症状

图3-76　甘薯茎线虫病为害薯块症状

（二）发病原因

病原在 7℃以上就能产卵并孵化和生长，最适温度 25～30℃，最高 35℃。湿润、疏松的沙质土利于其活动为害，极端潮湿、干燥的土壤不宜其活动。

（三）传播途径

甘薯茎线虫的卵、幼虫和成虫可以同时存在于薯块上越冬，也可以幼虫和成虫在土壤和肥料内越冬。病原能直接通过表皮或伤口侵入。此病主要以种薯、种苗传播，也可借雨水和农具短距离传播。

（四）防治方法

（1）严格检疫不从病区调运种薯。

（2）选用无病种薯。种薯用 51～54℃温汤浸种，苗床用净土或用 3%呋喃丹颗粒剂 0.5 千克/平方米处理，以培育无病壮苗。

（3）药剂浸薯苗。用 50%辛硫磷乳油或 40%甲基异柳磷乳剂 100 倍液浸 10 分钟。

（4）药剂处理土壤。0.5%阿维菌素颗粒剂每亩用 4～6 千克，薯苗移栽时施入穴内，该药田间有效期 50～60 天，可有效防治茎线虫病的发生，并兼治其他虫害。

四、甘薯病毒病

甘薯病毒病主要为害甘薯，是近年来国内甘薯生产中逐渐发展为害较重的一大类病害。自 20 世纪 80 年代以来发生呈上升趋势，一般可减产 20%～50%。目前在广东、福建、江苏、四川、北京、山东等地均有发生，以江苏、四川、山东等省市发生较重。主要分布在江苏、四川、山东、北京、安徽、河南等。

（一）症状

甘薯病毒病症状与毒原种类、甘薯品种、生育阶段及环境条件有关。可分6种类型。一是叶片褪绿斑点型苗期及发病初期叶片产生明脉或轻微褪绿半透明斑，生长后期，斑点四周变为紫褐色或形成紫环斑，多数品种沿脉形成紫色羽状纹。二是花叶型苗期染病初期叶脉呈网状透明，后沿叶脉形成黄绿相间的不规则花叶斑纹。三是卷叶型叶片边缘上卷，严重时卷成杯状。四是叶片皱缩型病苗叶片少，叶缘不整齐或扭曲，有与中脉平行的褪绿半透明斑。五是叶片黄化型形成叶片黄色及网状黄脉。六是薯块龟裂型薯块上产生黑褐色或黄褐色龟裂纹，排列成横带状或贮藏后内部薯肉木栓化，剖开病薯可见肉质部具黄褐色斑块（图3－77、图3－78、图3－79、图3－80）。

图3－77　甘薯病毒病褪绿斑点型初期症状

图3－78　甘薯病毒病褪绿斑点型后期症状

（二）发病原因

甘薯病毒病的发生发展与种薯带毒率、气候条件有密切关系。种薯带毒率：凡上年病毒病发生严重，甘薯带毒率高，种苗带毒也高，田间发病率也高。气候条件：主要影响蚜虫的取食活动。凡移栽后短期内气候干旱，返苗慢，生长势弱，发病重，干旱对蚜虫取食活动有利，传毒机率高，发病重；而气候湿润、返苗快、生长势强，症状轻微，蚜虫活动也受到抑制，发病轻。品种抗病性：目前尚无免疫品种，抗病品种也较少。在种植的品种中，新大紫、群力2号等为感病品种；北京553、

图 3-79 甘薯病毒病蕨叶型为害症状

图 3-80 甘薯病毒病皱缩型为害症状

济薯 12 号为中感品种（这两个品种为食用甘薯）；徐薯 18、山东的新品种鲁薯 7 号、8 号等为耐病品种。

(三) 传播途径

薯苗、薯块均可带毒，进行远距离传播。经由机械或蚜虫、烟粉虱及嫁接等途径传播。

(四) 防治方法

（1）选用抗病毒病品种及其脱毒苗如徐薯 18 号、鲁薯 3 号、鲁薯 7 号、北京 553 等。

（2）用组织培养法进行茎尖脱毒，培养无病种薯、种苗。

（3）大田发现病株及时拔除后补栽健苗。

（4）加强薯田管理，提高抗病力。

（5）发病初期开始喷洒 10%病毒王可湿性粉剂 500 倍液或 5%菌毒清可湿性粉剂 500 倍液、83 增抗剂 100 倍液、20%病毒宁水溶性粉剂 500 倍液、15%病毒必克可湿性粉剂 500～700 倍液，隔 7～10 天 1 次，连用 3 次。

五、甘薯紫纹羽病

甘薯紫纹羽病，主要分布于浙江、福建、江苏、山东、河北、河南等地。除为害甘薯外，还侵染马铃薯、棉花、大豆、花生、苹果、梨、桃等多种作物。

（一）症状

主要发生在大田期，为害块根或其他地下部位。病株表现萎黄，块根、茎基的外表生有病原菌的菌丝，白色或紫褐色，似蛛网状，病症明显。块根由下向上，从外向内腐烂，后仅残留外壳，须根染病的皮层易脱落（图 3-81、图 3-82）。

图 3-81　甘薯紫纹羽病为害薯块初期症状

图 3-82　甘薯紫纹羽病为害薯块后期症状

（二）发病原因

秋季多雨、潮湿年份发病重。连作地、沙土地、漏水地发病重。

（三）传播途径

病菌以菌丝体、根状菌索和菌核在病根上或土壤中越冬。条件适宜时，根状菌索和菌核产生菌丝体，菌丝体集结形成的菌丝束，在土里延伸，接触寄主根后即可侵入为害，一般先侵染新根的柔软组织，后蔓延到主根。此外病根与健根接触或从病根上掉落到土壤中的菌丝体、菌核等，也可由土壤、流水进行传播。该菌虽能产生孢子但寿命短，萌发后侵染机会少。

（四）防治方法

（1）严格选地不宜在发生过紫纹羽病的桑园、果园以及大豆、山芋等地栽植甘薯，最好选择禾本科茬口。

（2）提倡施用酵素菌沤制的堆肥。

（3）发现病株及时挖除烧毁，四周土壤亦应消毒或用20%石灰水浇灌。

（4）发病初期在病株四周开沟阻隔，防止菌丝体、菌索、菌核随土壤或流水传播蔓延。

（5）在病根周围撒培养好的木霉菌，如能结合喷洒杀菌剂效果更好。

（6）发病初期及时喷淋或浇灌36%甲基硫菌灵悬浮剂500倍液或70%甲基托布津可湿性粉剂700倍液、50%苯菌灵可湿性粉剂1 500倍液。

六、甘薯蔓割病

甘薯蔓割病又叫甘薯枯萎病、甘薯萎蔫病等。分布广泛，全国各甘薯生产区均有发生。由甘薯镰孢菌（*Fusarium bulbigenum* Cke. et Mass. Var. batatas Wollenw.）引起，除为害甘薯外，还为害烟草、马铃薯、番茄、棉花、玉米、大豆等多种作物。

（一）症状

侵染茎蔓、薯块。苗期发病，主茎基部叶片先发黄变质。茎蔓受害，茎基部膨大，纵向破裂，暴露髓部，剖视维管束，呈黑褐色，裂开部位呈纤维状。病薯蒂部常发生腐烂。横切病薯上部，维管束呈褐色斑点。病株叶片自下而上发黄脱落，最后全蔓枯死（图3-83、图3-84）。

（二）发病原因

土温27～30℃，土壤高湿有利于发病。降雨多，雨量大常使病害严重发生。

（三）传播途径

病菌以菌丝和厚垣孢子在病薯内或附着在遗留于土中的病

图 3-83　甘薯蔓割病为害叶片症状

图 3-84　甘薯蔓割病为害茎部症状

株残体上越冬，为初侵染病源。病菌从伤口侵入，沿导管蔓延，病薯和病苗是远距离传播的途径，流水和耕作是近距离传播的途径。土温 27～30℃，雨量大，次数多，有利于病害流行。

（四）防治方法

（1）选用抗病品种，如潮汕白、南京 92、金山 247、台城薯、南瑞苕、晋青 9 号、徐州 18 等。

（2）选用无病种薯，无病土育苗。栽植前薯苗用 0.2%“401”抗菌剂浸苗 10 分钟消毒处理。

（3）施用充分腐熟粪肥。适量灌水，雨后及时排除田间积水。

（4）重病地块与粮食作物进行 3 年以上轮作，与水稻 1 年轮作就可收效。

（5）发现病株及时拔除，集中烧毁或深埋。发病初期可及时喷施 50%苯菌灵可湿性粉剂 1 500倍液，或用 40%双效灵水剂 800 倍液，或用 50%甲基托布津可湿性粉剂 500 倍液。

七、甘薯斑点病

甘薯斑点病也称叶斑病或叶点病。我国南北甘薯种植地区都有发生，是甘薯叶部常见的一种病害。发生严重时叶片局部或全部枯死。

(一)症状

叶上病斑圆形至不规则形,初期红褐色,后变黄褐色或灰色,边缘稍隆起,斑中散生小黑点,即病原菌的分生孢子器(图 3-85、图 3-86)。

图 3-85 甘薯斑点病为害叶片初期症状

图 3-86 甘薯斑点病为害叶片后期症状

(二)发病原因

病菌喜温、湿条件,发病适温 24～26℃,要求 85%以上相对湿度,分生孢子溢出,扩散传播需叶面有水滴存在,生长期雨水多、降雨量大、田间湿度大易发病。地势低洼积水病重。

(三)传播途径

病菌以菌丝体或分生孢子器随病株残体在土壤中越冬。在南方周年种植甘薯的温暖地区,病菌辗转传播为害无明显越冬期。越冬病菌翌年由分生孢子器溢出分生孢子,经风雨传播侵染发病。田间病菌主要由风雨传播,再侵染频繁。

(四)防治方法

(1)选择地势较高地块种植。地势低水地块应高垄栽培。

(2)施足腐熟粪肥,避免后期脱肥。适时灌水,雨后及时挖沟排渍,降低田间湿度。

(3)重病地与其他作物进行 2 年以上轮作。

(4)收获后彻底清除田间病残体烧毁。

（5）发病初期及时喷布药剂防治，药剂可选用70%甲基托布津可湿性粉剂1 000倍液，或用50%苯菌灵可湿性粉剂1 500倍液，或用50%多菌灵可湿性粉剂600倍液，或用40%多硫悬浮剂500倍液，或用80%喷克可湿性粉剂600倍液，或用68%多倍得利可湿性粉剂1 000倍液。

八、甘薯根腐病

甘薯根腐病又称烂根病，是一种毁灭性病害，中国内地多有发生。

（一）症状

苗期染病病薯出苗率低、出苗晚，在吸收根的尖端或中部出现黑褐色病斑，严重的不断腐烂，致地上部植株矮小，生长慢，叶色逐渐变黄。大田期染病受害根根尖变黑，后蔓延到根茎，形成黑褐色病斑，病部表皮纵裂，皮下组织变黑，发病轻的地下茎近地际处能发出新根，虽能结薯，但薯块小；发病重的地下根茎大部分变黑腐败，分枝少，节间短，直立生长，叶片小且硬化增厚，逐渐变黄反卷，由下向上干枯脱落，最后仅剩生长点2～3片嫩叶，全株枯死（图3－87）。

图3－87　甘薯根腐病为害薯苗症状

（二）发病原因

该病发生和流行与品种、茬口、土质、气象密切相关，温度27℃左右，土壤含水量在10%以下时易诱发此病，连作地、砂土地发病重。

（三）传播途径

本病系典型土传病害，但病残体和带菌有机肥也是重要初侵染源，带菌种苗是远距离传播的重要途径。

（四）防治方法

（1）选用适合当地的抗病良种如徐薯18、徐薯2号、烟薯2号、郑州红4号、济薯10号、济薯11号等抗病品种。

（2）重病田实行三年以上轮作。如与花生、芝麻、棉花、玉米、谷子、绿肥等轮作、间作，有防病保产作用。

（3）加强栽培管理。春薯适期早栽，有灌溉条件的地在栽植返苗后普浇一次水，以提高抗病力，减轻病情；夏薯在栽插前后也应及时浇水，增施有机肥（不带病的）、深翻等都有防病作用。

九、绿盲蝽

绿盲蝽国内分布于江苏、浙江、安徽、江西、福建、湖南、湖北、贵州、河南、山东等省。

（一）症状

成、若虫刺吸棉株顶芽、嫩叶、花蕾及幼铃上汁液，幼芽受害形成仅剩两片肥厚子叶的“公”棉花。叶片受害形成具大量破孔、皱缩不平的“破叶疯”。腋芽、生长点受害造成腋芽丛生，破叶累累似扫帚苗。幼蕾受害变成黄褐色干枯或脱落。棉铃受害黑点满布，僵化落铃。

（二）发病原因

成虫体长5毫米，宽2.2毫米，绿色，密被短毛。头部三角形，黄绿色，复眼黑色突出，无单眼，触角 4 节丝状，较短，约为体长 2/3，第 2 节长等于 3、4 节之和，向端部颜色渐深，1 节黄绿色，4 节黑褐色。前胸背板深绿色，布许多小黑点，前缘宽。小盾片三角形微突，黄绿色，中央具 1 浅纵纹。前翅膜片半透明暗灰色，余绿色。足黄绿色，肠节末端、腹节色较深，后足腿节末端具褐色环斑，雌虫后足腿节较雄虫短，不超腹部末端，跗节 3 节，末端黑色。卵长 1 毫米，黄绿色，长口袋形，卵盖奶黄色，中央凹陷，两端突起，边缘无附属物。若虫 5 龄，与成虫相似。初孵时绿色，复眼桃红色。2 龄黄褐色，3 龄出现翅芽，4 龄超过第 1 腹节，2、3、4 龄触角端和足端黑褐色，5 龄后全体鲜绿色，密被黑细毛；触角淡黄色，端部色渐深。眼灰色。

（三）传播途径

北方年生 3～5 代，运城 4 代，陕西泾阳、河南安阳 5 代，江西 6～7 代，以卵在棉花枯枝铃壳内或苜蓿、蓖麻茎秆、茬内、果树皮或断枝内及土中越冬。翌春 3～4 月旬均温高于 10℃或连续 5 日均温达 11℃，相对湿度高于 70%，卵开始孵化。第 1、第 2 代多生活在紫云英、苜蓿等绿肥田中。成虫寿命长，产卵期 30～40 天，发生期不整齐。成虫飞行力强，喜食花蜜，羽化后 6、7 天开始产卵。非越冬代卵多散产在嫩叶、茎、叶柄、叶脉、嫩蕾等组织内，外露黄色卵盖，卵期 7～9 天。6 月中旬棉花现蕾后迁入棉田，7 月达高峰，8 月下旬棉田花蕾渐少，便迁至其他寄主上为害蔬菜或果树。果树上以春、秋两季受害重。主要天敌有寄生蜂、草蛉、捕食性蜘蛛等。

（四）防治方法

（1）3 月以前结合积肥除去田埂、路边和坟地的杂草，消灭越冬卵，减少早春虫口基数，收割绿肥不留残茬，翻耕绿肥时全部埋入地下，减少向棉田转移的虫量。科学合理施肥，控制棉花旺长，减轻盲蝽的为害。

（2）棉盲蝽的抗药性弱，一般在6月至7月初，可以用药剂防治，适用的药剂有2.5%溴氰菊酯乳油稀释3 000倍；20%氰戊菊酯乳油稀释3 000倍。

第十节　马铃薯

一、马铃薯早疫病

马铃薯早疫病在各栽培地区均有发生，北京、河北、山西等海拔较高的地区发生严重，一般造成的减产在15%～30%。

（一）症状

多从下部老叶开始，叶片病斑近圆形，黑褐色，有同心轮纹，潮湿时斑面出现黑霉。发生严重时，病斑互相连合成黑色斑块，致叶片干枯脱落。块茎染病，表面出现暗褐色近圆形至不定形病斑，稍凹陷，边缘明显，病斑下薯肉组织亦变成褐色干腐。

（二）病原

Alternaria solani 称茄链格孢，属半知菌亚门真菌，菌丝丝状有隔膜。分生孢子梗单生或簇生，圆筒形，有1～7个隔膜，暗褐色，顶生分生孢子。分生孢子长棍棒状，顶端有细长的嘴胞，黄褐色，具纵横隔膜。

（三）发病原因

分生孢子萌发适温26～28℃，当叶上有结露或水滴，温度适宜，分生孢子经35～45分钟即萌发，从叶面气孔或穿透表皮侵入，潜育期2～3天。瘠薄地块及肥力不足田发病重。

（四）传播途径

以分生孢子或菌丝在病残体或带病薯块上越冬，翌年种薯发芽病菌即开始侵染。病苗出土后，其上产生的分生孢子借风、雨传播，进行多次再侵染使病害蔓延扩大。病菌易侵染老叶片，遇有小到中雨或连续阴雨或湿度高于70%，该病易发生和流行。

（五）防治方法

（1）选用早熟耐病品种，适当提早收获。

（2）选择土壤肥沃的高燥田块种植，增施有机肥，推行配方施肥，提高寄主抗病力。

（3）发病前开始喷洒75%百菌清可湿性粉剂600倍液或64%杀毒矾可湿性粉剂500倍液、80%喷克可湿性粉剂800倍液、80%大生M-45可湿性粉剂600倍液、70%代森锰锌可湿性粉剂500倍液、80%新万生可湿性粉剂600倍液、1∶1∶200倍式波尔多液、77%可杀得可湿性微粒粉剂500倍液，隔7～10天1次，连续防治2～3次。

二、马铃薯晚疫病

马铃薯晚疫病是一种毁灭性病害。凡种植马铃薯的地区都有发生，发病后叶部病斑面积和数量增长迅速，使植株以致全田马铃薯成片早期死亡，并引起块茎腐烂，严重影响产量。减产可达20%～40%。

（一）症状

叶片染病先在叶尖或叶缘生水浸状绿褐色斑点，病斑周围具浅绿色晕圈，湿度大时病斑迅速扩大，呈褐色，并产生一圈白霉，即孢囊梗和孢子囊，尤以叶背最为明显；干燥时病斑变褐干枯，质脆易裂，不见白霉，且扩展速度减慢。茎部或叶柄染病现褐色条斑。发病严重的叶片萎垂、卷缩，终致全株黑腐，全田一片枯焦，散发出腐败气味。块茎染病初生褐色或紫褐色大块病斑，稍凹陷，病部皮下薯肉亦呈褐色，慢慢向四周扩大或烂掉。

（二）病原

病原物为致病疫霉［*Phytophthora infestans*（Mont.）de

Bary]，属卵菌，霜霉目。病菌孢囊梗分枝明显，每隔一段着生孢子囊处有膨大的节。孢子囊柠檬形，大小为（21～38）微米×（12～23）微米，一端有乳突，另端有小柄，易脱落，在水中释放出5～9个有2根鞭毛肾形游动孢子，失去鞭毛后，形成球形休止孢子，萌发出芽管，再长出穿透钉侵入到寄主内。菌丝生长的最适温度为20～23℃，孢子囊形成的最适温度为19～22℃。在低温10～13℃下形成游动孢子，在温度超过24℃时孢子囊多直接萌发成芽管。孢子囊形成要有97%的相对湿度。

（三）发病原因

病菌喜日暖夜凉高湿条件，相对湿度95%以上、18～22℃条件下，有利于孢子囊的形成，冷凉（10～13℃，保持1～2小时）又有水滴存在，有利于孢子囊萌发产生游动孢子，温暖（24～25℃，持续5～8小时）有水滴存在，利于孢子囊直接产出芽管。因此多雨年份、空气潮湿或温暖多雾条件下发病重。种植感病品种，植株又处于开花阶段，只要出现白天22℃左右，相对湿度高于95%持续8小时以上，夜间10～13℃，叶上有水滴持续11～14小时的高湿条件，本病即可发生，发病后10～14天病害蔓延全田或引起大流行。

（四）传播途径

病菌主要以菌丝体在薯块中越冬。播种带菌薯块，导致不发芽或发芽后出土即死去，有的出土后成为中心病株，病部产生孢子囊借气流传播进行再侵染，形成发病中心，致该病由点到面，迅速蔓延扩大。病叶上的孢子囊还可随雨水或灌溉水渗入土中侵染薯块，形成病薯，成为翌年主要侵染源。

（五）防治方法

（1）选用抗病品种，各地可因地制宜选用。

（2）选用无病种薯，减少初侵染源。做到秋收入窖、冬藏查窖、出窖、切块、春化等过程中，每次都要严格剔除病薯，有条件的要建立无病留种地，进行无病留种。

（3）加强栽培管理，适期早播，选土质疏松、排水良好的田块栽植，促进植株健壮生长，增强抗病力。

（4）发病初期及时喷洒72%克露或克霜氰或69%安克·锰锌可湿性粉剂900～1 000倍液、90%三乙膦酸铝可湿性粉剂400倍液、58%甲霜灵·锰锌可湿性粉剂或64%杀毒矾可湿性粉剂500倍液、60%琥·乙膦铝可湿性粉剂500倍液、50%甲霜铜可湿性粉剂700～800倍液、72.2%普力克（霜霉威）水剂800倍液，隔7～10天1次，连续防治2～3次。

三、马铃薯叶枯病

叶枯病在部分地区发生分布，通常病株率5%～10%，对生产无明显影响，少数地块发病较重。病株达30%以上，部分叶片因病枯死，轻度影响产量。

（一）症状

此病主要为害叶片，也可侵染茎蔓，多是生长中后期下部衰老叶片先发病。叶片染病，从靠近叶缘或叶尖处开始，初期形成绿褐色坏死斑点，后逐渐发展成近圆形至“V”字形灰褐色至红褐色大型坏死斑，具不明显轮纹，病斑外缘常褪绿黄化，最后致病叶坏死枯焦，有时可在病斑上产生少许暗褐色小点（即病菌的分生孢子器）。茎蔓染病，形成不定形灰褐色坏死斑，后期在病部可产生褐色小粒点。

（二）病原

Macrophomina phaseoli 称大茎点菌，属半知菌亚门真菌。病菌在叶片上不常产生分生孢子器。分生孢子器近球形，散生于寄主表皮下，有孔口。分生孢子长椭圆形至近圆筒形，单胞，无色。微菌核，其表面光滑，近圆形。

（三）发病原因

温暖高湿有利于发病。土壤贫瘠、管理粗放、种植过密、植株生长衰弱的地块发病较重。

(四) 传播途径

病菌以菌核或以菌丝随病残组织在土壤中越冬，也可在其他寄主残体上越冬。条件适宜时通过雨水把地面病菌冲溅到叶片或茎蔓上引起发病。发病后病部产生菌核或分生孢子器借雨水扩散，进行再侵染。

(五) 防治方法

(1) 选择较肥沃的地块种植，合理密植。

(2) 加强管理。增施有机肥，适当配合施用磷、钾肥。生长后期适时浇水和追肥，防止植株早衰。

(3) 药剂防治。发病初期喷雾防治，药剂可选用70%甲基硫菌灵可湿性粉剂600倍液、50%异菌脲可湿性粉剂1 000倍液、80%代森锰锌可湿性粉剂800倍液、40%多硫悬浮剂400倍液、45%噻菌灵悬浮剂1 000倍液喷雾。

四、马铃薯病毒病

马铃薯病毒病为马铃薯主要病害，我国大部分地区发生均十分严重。通常造成轻度损失，少数地区或特殊年份发病较重，显著影响马铃薯生产。

(一) 症状

常见的马铃薯病毒病有3种类型。花叶型叶面叶绿素分布不均，呈浓绿淡绿相间或黄绿相间斑驳花叶，严重时叶片皱缩，全株矮化，有时伴有叶脉透明；坏死型叶、叶脉、叶柄及枝条、茎部都可出现褐色坏死斑，病斑发展连接成坏死条斑，严重时全叶枯死或萎蔫脱落；卷叶型叶片沿主脉或自边缘向内翻转，变硬、革质化，严重时每张小叶呈筒状。此外还有复合侵染，引致马铃薯发生条斑坏死。

（二）病原

马铃薯X病毒（Potato virus X，简称PVX），在马铃薯上引起轻花叶症，有时产生斑驳或环斑。病毒粒体线形，长480～580纳米，其寄主范围广，系统侵染的主要是茄科植物。病毒稀释限点100 000～1 000 000倍，钝化温度68～75℃，体外存活期1年以上。马铃薯S病毒（Potato virus S，简称PVS），在马铃薯上引起轻度皱缩花叶或不显症。病毒粒体线形，长650纳米，其寄主范围较窄，系统侵染的植物仅限于茄科的少数植物。病汁液稀释限点1～10倍，钝化温度55～60℃，体外存活期3～4天。马铃薯A病毒（Potato virus A，简称PVA），在马铃薯上引起轻花叶或不显症。病毒粒体线形，长730纳米，其寄主范围较窄，仅侵染茄科少数植物。病汁液稀释限点10倍，钝化温度44～52℃，体外存活期12～18小时。马铃薯Y病毒（Potato virus Y，简称PVY），在马铃薯上引起严重花叶或坏死斑和坏死条斑。病毒粒体线形，长730纳米，该病毒寄主范围较广，可侵染茄科多种植物。病汁液稀释限点100～1 000倍，钝化温度52～62℃，体外存活期1～2天。马铃薯卷叶病毒（Potato leafrollvirus，简称PLrV），病毒粒体球状，直径25纳米。该病毒寄主范围主要是茄科植物。在马铃薯上引起卷叶症，病毒稀释限点10 000倍，钝化温度70℃，体外存活期12～24小时，2℃低温下存活4天。此外TMV也可侵染马铃薯。

（三）发病原因

高温干旱、田间管理条件差、蚜虫发生量大，发病重。此外，25℃以上高温会降低寄主对病毒的抵抗力，也有利于传毒媒介蚜虫的繁殖、迁飞或传病，从而利于该病扩展，加重受害程度。此外，品种抗病性及栽培措施很大程度上影响本病的发生程度。

（四）传播途径

病毒主要在带毒薯块内越冬，为主要初始毒源。以上几种病毒除 PVX 外，都可通过蚜虫及汁液摩擦传毒。

（五）防治方法

（1）采用无毒种薯。各地要建立无毒种薯繁育基地，原种田应设在高纬度或高海拔地区，并通过各种检测方法汰除病薯，推广茎尖组织脱毒，生产田还可通过二季作或夏播获得种薯。

（2）培育或利用抗病或耐病品种。在条斑花叶病及普通花叶病严重地区，可选用白头翁、丰收白、疫不加、郑薯 6 号、乌盟 601、陇薯 161－2、东农 303、鄂马铃薯 1 号、鄂马铃薯 2 号、克新 1 号和广红二号等抗病品种。

（3）出苗前后及时防治蚜虫，尤其靠蚜虫进行非持久性传毒的条斑花叶病毒更要防好。使用药剂参见本书蚜虫防治法。

（4）改进栽培措施。包括留种田远离茄科菜地；及早拔除病株；实行精耕细作，高垄栽培，及时培土；避免偏施、过施氮肥，增施磷钾肥；注意中耕除草；控制秋水，严防大水漫灌。

（5）药剂防治。发病初期喷洒 0.5％菇类蛋白多糖水剂 300 倍液或 20％病毒 A 可湿性粉剂 500 倍液、5％菌毒清水剂 500 倍液、1.5％植病灵 K 号乳剂 1 000 倍液、15％病毒必克可湿性粉剂 500～700 倍液。

五、马铃薯炭疽病

马铃薯炭疽病为一种严重影响马铃薯生产的世界性病害，属我国检疫性病害。炭疽病的发生严重影响了马铃薯的产量。

（一）症状

马铃薯染病后早期叶色变淡，顶端叶片稍反卷，后全株萎蔫变褐枯死。地下根部染病从地面至薯块的皮层组织腐朽，易剥落，侧根局部变褐，须根坏死，病株易拔出。茎部染病生许多灰色小粒点，茎基部空腔内长很多黑色粒状菌核。

（二）病原

病原属半知菌番茄果腐少刺盘孢菌真菌。病菌分生孢子盘聚生或散生，刚毛聚生于分生孢子盘中央，黑褐色，顶端较尖，具1～3个隔膜，大小为（26～65.5）微米×（3～5.5）微米。分生孢子梗圆柱形，无色至淡褐色。分生孢子圆柱形，无色，单胞，大小为（5～10）微米×（3～4）微米。

（三）发病原因

高温潮湿有利于发病。马铃薯生长中后期遇雨、露、雾多的天气，有利于病害扩展蔓延。田间管理粗放，土壤贫瘠，排水不良，病害较重。

（四）传播途径

病菌以菌丝体或分生孢子随病残体越冬。带病种薯亦可成为重要的初侵染源。条件适宜时分生孢子引起侵染，发病后在病部产生分生孢子，借风雨传播，形成再侵染。

（五）防治方法

（1）因地制宜选育和种植抗病品种。

（2）田间发现病株，及时拔除；收获后，清除病残体，带出田外集中处理。

（3）适时灌溉，雨后及时排除田间积水；科学施肥，增施磷钾肥，避免偏施氮肥，提高植株抗病力。

（4）药剂防治。发病初期开始喷洒36%甲基硫菌灵悬浮剂500倍液或50%多·硫悬浮剂500倍液、50%甲基硫菌灵可湿性粉剂500倍液、50%多菌灵可湿性粉剂800倍液、80%炭疽福美可湿性粉剂800倍液、70%甲基硫菌灵可湿性粉剂1 000倍液加75%百菌清可湿性粉剂1 000倍液，防效优于单用上述杀菌剂。

六、大造桥虫

主要分布在我国浙江、江苏、上海、山东、河北、河南、湖南、湖北、四川、广西壮族自治区、贵州、云南等地。间歇暴发性害虫，一般年份主要在棉花、豆类等农作物上发生。

（一）症状

该虫主要是以幼虫蚕食叶片，造成叶片穿孔和缺刻。发生严重时，叶片被食仅留叶脉。有时花蕾、花冠也受其害。影响植株的正常开花结果。

（二）发病原因

成虫体长 15～18 毫米，翅展 38～40 毫米，体浅灰色，触角锯齿状，每节上有灰至褐色丛毛。头部细小，复眼黑色，头、胸交界处有 1 列长毛。前翅灰黄色，外缘线由半月形点列组成。中室斑纹为白色，四周有黑褐色圈。卵长椭圆，直径 0.7 毫米，初产时为青绿色，上有许多小颗粒状突起，坚厚强韧。老熟幼虫体长 38～49 毫米，胸被侧面密布黄点。背线甚宽，直达尾端，亚背线黑色，气门线黄褐色。蛹深褐色，长 14 毫米，尾端尖锐。

（三）传播途径

长江流域年生 4～5 代，以蛹于土中越冬。各代成虫盛发期：6 月上中旬，7 月上中旬，8 月上中旬，9 月中下旬，有的年份 11 月上中旬可出现少量第 5 代成虫。第 2～4 代卵期 5～8 天，幼虫期 18～20 天，蛹期 8～10 天，完成 1 代需 32～42 天。成虫昼伏夜出，趋光性强，羽化后 2～3 天产卵，多产在地面、土缝及草秆上，大发生时枝干、叶上都可产，数十粒至百余粒成堆，每雌可产 1 000～2 000粒，越冬代仅 200 余粒。初孵幼虫可吐丝随风飘移传播扩散。10—11 月以末代幼虫入土化蛹越冬。此虫为间歇暴发性害虫，一般年份主要在棉花、豆类等农作物上发生。

（四）防治方法

（1）捕杀成虫，利用成虫飞翔力不强，可人工用捕虫网捕捉。

（2）利用成虫具有趋光性，可用黑光灯诱杀。

（3）加强栽培管理，冬季翻土，将周边杂草清除，以消灭卵块，减少虫源。

（4）保护和利用天敌，主要有追寄蝇、螳螂、胡蜂、猎蝽、益鸟等。

（5）化学防治，在发生盛期，可用50%辛硫磷1 000倍，或用44%多虫青乳油1 000倍液防治，也可用20%灭幼脲一号10 000倍液防治。

第十一节　高　粱

一、高粱黑穗病

（一）为害症状

该病一般在穗期才表现症状，极少数病株在生长前期也表现出症状，即植株矮小，节间缩短，叶片簇生，有的分蘖丛生；穗期受病雄穗，花器基部膨大，颖片增多，内含黑色粉末，受病雌穗穗形短小，基部膨大，果穗内部充满黑色粉末和扭曲的丝状物。

（二）发病规律

病菌以散落在土中、混入粪肥或新附于种子表面的冬孢子越冬，成为翌年的初侵染源，又以土壤带菌为主。在玉米3叶期以前，土壤温度21～28℃，湿度在中度偏旱时最有利于病菌侵入。4～5叶期以后的玉米受侵染少，该病也无再侵染。当种子发芽，病菌也萌发，侵染幼苗，随植株的生长，最后破坏穗部，成为黑粉。连作地、耕作粗放、覆土过厚、土壤干燥都有利于侵染发病。

（三）防治方法

（1）种植抗病品种。

（2）及时摘除病瘤或拔除病株，收获后清洁田园，减少初侵染源，重病区避免连作，实行轮作。

（3）精耕细作，适期播种，促使种子发芽早，出土快，减少发病。

（4）药剂防治，用种子量0.5％的15％粉锈宁可湿性粉剂，0.8％的50％敌克松可湿性粉剂，0.2％的50％福美双可湿性粉剂，或用种子量0.3％的12.5％烯唑醇（速保利）可湿性粉剂进行药剂拌种。

二、高粱小地老虎

（一）形态特征

成虫：体长16～32毫米，深褐色，前翅由内横线、外横线将全翅分为3段，具有显著的肾状斑、环形纹、棒状纹和2个黑色剑状纹；后翅灰色无斑纹。

卵：半球形，乳白色变暗灰色。

幼虫：小地老虎老熟幼虫体长41～50毫米，灰黑色，体表布满大小不等的颗粒，臀板黄褐色，具2条深褐色纵带。

蛹：赤褐色，有光泽。

（二）生活习性

小地老虎在金沙县一年发生2代，以老熟幼虫在土中越冬。3～4月化蛹，4～5月羽化，第1代幼虫是为害的严重期，也是防治的重点期。成虫白天栖息在杂草、土堆等荫蔽处，夜间活动，趋化性强，喜食甜酸味汁液，对黑光灯也有明显趋性，在叶背、土块、草棒上产卵，在草类多、温暖、潮湿、杂草丛生的地方，虫头基数多。幼虫夜间为害，白天栖在幼苗附近土表下面，有假死性。

（三）为害特点

小地老虎为多食性害虫，分布广，为害重，主要以幼虫为害幼苗。幼虫将幼苗近地面的茎部咬断，使整株死亡，造成缺苗断垄。

（四）防治方法

（1）糖醋液诱杀成虫。配制方法：糖、醋、酒、水、90%敌百虫晶体 6：1：3：1：10：1 调匀，在成虫发生期设置。

（2）利用黑光灯诱杀成虫。

（3）在作物定植前，选其喜食的灰菜、刺儿菜、若卖菜、小旋花、百稽、艾篙、青篙、白茅、鹅儿草等杂草堆放诱集小地老虎幼虫，然后人工捕捉，或拌入药剂毒杀。

（4）早春清除菜田及周围杂草，防止小地老虎成虫产卵。

（5）清晨在被害苗株的周围，找到潜伏的幼虫，每天捉拿，坚持 10～15 天。

（6）配制毒饵，播种后即在行间或株间进行撒施。青草毒饵：青草切碎，每 50 千克加入农药 0.3～0.5 千克，拌匀后成小堆状撒在幼苗周围，每亩用毒草 20 千克。

（7）化学防治。在地老虎 1～3 龄幼虫期，采用 48%乐斯本乳油或 48%毒死蜱 2 000倍液、2.5%溴氰菊酯乳油 1 500倍液、20%氰戊菊酯乳油 1 500倍液等地表喷雾。

三、高粱黏虫

（一）为害特点

初孵幼虫常群集卷叶内，先吃掉卵壳，然后爬出叶面，吐丝分散，白天潜伏叶鞘、叶背或心叶中，夜间活动取食。低龄幼虫食量小，仅啃食叶肉，留下表皮，被害叶片呈白色斑点或半透明的白色条斑；3～4 龄可将叶片咬成缺刻；5 龄后进入暴食阶段，常把叶片全部吃光，留下光秆。

（二）生活习性

黏虫俗名行军虫、天马虫、剃枝虫等，具有间歇性暴发的特点，其食性较杂。在漯河市主要为害玉米，以第2代为主害代，为害高峰在6月下旬至7月上旬。

黏虫只要在条件适宜的情况下，可连续繁育。成虫昼伏夜出取食、交配、产卵。喜产卵于干枯苗叶的尖部，且具有迁飞、转移为害的特性。幼虫有假死性，对农药的抗性随虫龄的增加而增加。

（三）防治方法

（1）诱杀成虫。5月下旬第1代成虫迁入始见期，有条件的地方，在田间安装频振式杀虫灯诱杀成虫（一盏灯控制面积为50亩），或傍晚在田间通风处放置装有糖醋诱杀剂的盆诱杀成虫（诱剂配法：糖3份，醋4份，水2份，酒1份。按总量加入0.2%的90%晶体敌百虫），盆距地面高0.67～1米，每隔5天察看诱剂耗费程度，酌情增添或更换。通过杀灭成虫，可降低田间落卵量，减轻化学防治压力，减少用药次数和剂量，也减少农药对作物及环境的污染。

（2）草把诱卵。6月上中旬第1代成虫迁入产卵盛期，用稻草扎成小把，捆在竹竿上，每亩10个左右，分别插于田间，草把略高于玉米植株，4～5天更换一次烧掉。

（3）及时中耕除草，清洁田园，减少成虫产卵场所。

（4）药剂防治。防治黏虫的最佳时期为幼虫3龄前，此时幼虫食量小、为害轻、抗药力差，药剂防治效果好。当高粱百株虫量达60头以上时，在2龄幼虫盛发期进行应急连片防治。可选用90%敌百虫可溶粉剂120～180克对水75千克喷雾，或用30%毒死蜱微囊悬浮剂40～50克1 000～1 500倍液喷雾，或用20%氰戊菊酯乳油3 000～4 000倍液喷雾。

第十二节　果　树

一、果树主要病害的综合防治技术

（一）苹果树腐烂病（串皮病、臭皮病、烂皮病）

1. 病原

苹果黑腐皮壳，属子囊菌类真菌。

2. 症状

枝干受害可分为溃疡和枝枯两种类型，一般多为溃疡型。春季，病斑外观呈红褐色，微隆起，圆形或长圆形，呈水浸状病斑，质地松软，受压易凹陷，流出黄褐色或红褐色汁液，带有酒糟味。后期病部失水干缩，下陷，病健分界处产生裂缝，病皮变为褐色，发病后 1 个月内，病部表面长出许多疣状的黑色小颗粒。当病斑扩大环切树干时，可使病部以上树干和大枝枯死。

3. 传播途径与发病条件

以菌丝体、分生孢子器、子囊壳和孢子角在病树皮下或残枝干上越冬，通过雨水溅射或冲散的分生孢子随风传播，传播距离不到 10 米。孢子萌发后从各种伤口或死伤组织中侵入，其中以冻伤为主。腐烂病一年有 2 个发病高峰，即 3—4 月和 8—9 月，春季重于秋季。

4. 防治方法

（1）加强管理，增强树势，提高树体抗病力。这是防治腐烂病的重要环节，包括 5 个方面：一是采用配方施肥技术合理施肥；二是严格疏花疏果，使树体负载适宜，杜绝大小年结果现象；三是涂白防止冻害发生；四是尽量减少各种伤口，避免修剪过度，禁止严冬修剪，修剪的伤口及时涂上油漆，注意防冻；五是防止春季干旱和雨季积水。

（2）清除病残体，减少初侵染源。

（3）及时治疗病疤，主要有刮治和划道涂治。刮皮或刮痕后可涂抹5%菌毒清水剂100倍液或2%农抗120水剂20倍液、腐必清原液、无毒高脂膜10～20倍液、70%甲基硫菌灵（甲基托布津）可湿性粉剂30倍液、843康福剂、70%甲基硫菌灵糊剂。

（4）采用桥接或脚接以恢复树势。

（二）苹果褐斑病

1. 病原

苹果盘二孢，属半知菌类真菌。

2. 症状

主要为害叶片。叶片染病，初发生在树冠下部和内膛叶片上，初现褐色小点，单个或几个连生，后扩展为3种不同类型的病斑。一是同心轮纹型：发病初期，叶面出现黄褐色小点，逐渐扩大为圆形，病斑中心暗褐色，四周黄色，有绿色晕圈，病部中央产生许多轮纹状排列的小黑点；病斑背面中央深褐色，四周浅褐色。二是针芒型：病斑小，呈针芒放射状向外扩展，无固定形状，微隆起；后期叶片渐黄，病斑周围及背面仍保持绿色。三是混合型：病斑暗褐色，较大，近圆形或不规则形，其上散生黑色小点，但不具明显的轮纹；后期病斑中央灰白色，边缘仍保持绿色，有时病斑边缘呈针芒状。3种不同类型的共同特点是后期病部中央变黄，但周围仍保持绿色晕圈，病叶易早期脱落，特别是风雨之后常大量脱落。

3. 传播途径与发病条件

以菌丝体、分生孢子盘或子囊盘壳在落地的病叶上越冬，翌春产生拟分生孢子和子囊孢子，借风雨传播。

4. 防治方法

（1）加强管理，增强树势，提高树体抗病力。

（2）清除病残体，减少初侵染源。

（3）药剂防治。喷洒30%绿保得胶悬剂300～500倍液或36%甲基硫菌灵（甲基托布津）悬浮剂500倍液、70%代森锰锌可湿性粉剂500倍液、50%混杀硫悬浮剂500倍液、50%扑海因可湿性粉剂1 000～1 500倍液、64%杀毒矾可湿性粉剂500倍液、80%抗菌剂402乳油800～1 000倍液、60%防霉宝（多菌灵盐酸盐）超微粉600～800倍液。施药时间一般在花后结合防治白粉病或食心虫施第一次药，以后每隔20天1次，连续3次。

（4）剔除病果，加强贮存期管理。

（三）苹果炭疽病

1. 病原

围小丛壳，属子囊菌类真菌。

2. 症状

主要为害果实。发病初期在果面出现针头大小的淡褐色圆形小斑，边缘清晰，后逐渐扩大，呈漏斗状深人果肉，果肉变褐腐烂，有苦味，最后表皮下陷，当病斑直径扩大到1～2厘米时，其中心长出大量轮纹状排列、隆起的黑色小粒点。湿度大时流出淡红色黏液。果实生长后期为发病盛期，最后全果腐烂，大多脱落，也有的形成僵果留在树上，成为下一年初侵染的主要菌源。

3. 传播途径与发病条件

以菌丝在病果、干枝、果台、僵果和潜皮蛾为害的枝条上越冬。翌年5月下旬产生分生孢子，借雨水、昆虫传播。发生流行时一般先形成中心发病株，逐渐向周围蔓延。高温、高湿，特别是雨后高温利于病害流行，所以降雨早而多的地区和年份发病重。

4. 防治方法

(1) 加强栽培管理，增强树势，提高树体抗病力。

(2) 清除病残体，减少初侵染源。

(3) 喷铲除剂。发芽前喷洒三氯萘酚 50 倍液或 5%～10%重柴油乳剂 150 倍液、五氯酚钠 150 倍液或二硝基邻甲酚钠 200 倍液。

(4) 幼果期喷药防治。25%使百克乳油 800 倍液或 50%施保功可湿性粉剂 1 500倍液、50%混杀硫悬浮剂 500 倍液、80%炭疽福美可湿性粉剂 800 倍液、50%多菌灵可湿性粉剂 1 000倍液＋75%百菌清可湿性粉剂 800 倍液、36%甲基硫菌灵悬浮剂 500 倍液＋75%百菌清可湿性粉剂 800 倍液、80%多菌灵可湿性粉剂 600 倍液、2%农抗 120 水剂 200 倍液。

(5) 剔除病果，加强贮存期管理。

(四) 桃树腐烂病

1. 病原

核果黑腐皮壳，属子囊菌类真菌。

2. 症状

为害主干和枝。枝干染病，病斑略凹陷，外部现米粒大的流胶，胶点下的树皮腐烂，湿腐状，黄褐色，有酒糟味，后期病斑干缩下陷，表面生灰褐色钉头状突起子座，湿度大时，涌出红褐色丝状孢子角，病斑绕枝、干一周时，形成环切现象，病树或整枝枯死。孢子角呈红褐色是该病与苹果树腐烂病的主要区别特征。

3. 传播途径与发病条件

3—4 月开始发病，5—6 月进入发病盛期，夏季高温停止扩展。冻伤是诱使发病的重要原因，冻害严重则大发生。

4. 防治方法

参见苹果树腐烂病，但要注意：桃树生长季节造成的伤口不仅难以愈合，而且极易流胶。因此刮治病疤后，必须涂伤口保护剂。刮后可用45%晶体石硫合剂30倍液消毒，再用石硫合剂渣覆盖保护。

(五) 桃树根瘤病

1. 病原

根癌土壤杆菌，属细菌。

2. 症状

在桃树根部或枝干部生成大小不一的肿瘤，初乳白色或稍带红色，光滑柔软，球形或扁球形，融合后为不规则形，后逐渐变成褐色，表面粗糙不平，木质化坚硬，形成不规则空洞。

3. 传播途径与发病条件

病菌在土壤中和根瘤组织的皮层内越冬。主要靠雨水和灌溉水传播，嫁接工具、机具、地下害虫等也能传播。远距离传播的主要途径是苗木调运。

4. 防治方法

(1) 嫁接时从良种母树的较高部位采取接穗，采用芽接法嫁接，尽量不用劈接法嫁接。嫁接工具用75%酒精浸泡消毒，注意防寒防冻，田间作业避免产生伤口。

(2) 发病初期割除肿瘤，伤口用1%硫酸铜或80%402抗菌剂乳油50倍液涂抹保护，再涂波尔多液保护。

(六) 葡萄霜霉病

1. 病原

葡萄生单轴霉，属卵菌类真菌。

2. 症状

叶片染病初呈半透明、边缘不清晰的淡黄绿色油浸状斑点，后扩展成黄色至褐色多角形斑，湿度大时，病斑愈合，背面产生白色霉层，最后变褐，叶片干枯。

3. 传播途径与发病条件

病菌以卵孢子在病组织中越冬。翌春产生芽孢囊，芽孢囊产生游动孢子，借风雨传播，从气孔侵入。

4. 防治方法

（1）选用抗病品种。

（2）加强栽培管理，做到“三光、四无、六个字”。春、夏、秋季修剪病枝、病蔓、病叶为“三光”；树无病枝、枝无病叶、穗无病粒、地无病残，早春架下喷石灰水杀死病残体中病原物为“四无”；“六个字”是指高：提高结果部位和棚架高度，摘：摘心；绑：主蔓斜绑；锄：铲除杂草；排：排水要好；施：增施磷钾肥。

（3）药剂防治。发病前或发病初期喷洒 64％杀毒矾可湿性粉剂 700 倍液或 72％霜脲·锰锌可湿性粉剂 600 倍液、69％安克锰锌可湿性粉剂 600 倍液、72％杜邦克露可湿性粉剂 600 倍液。

（七）葡萄黑痘病

1. 病原

葡萄痂圆孢菌，属半知菌类真菌。

2. 症状

主要为害绿色幼嫩部分。幼果染病初为深褐色圆形小斑点，逐渐扩大为圆形或不规则形。病斑中央灰白色，有小黑点，边缘有紫褐色晕圈，似“鸟眼状”，后期病斑硬化或龟裂，仅局限于果皮而不深入果肉。叶片染病，初病斑中央灰白色，后穿孔呈星状开裂，边缘有紫褐色晕圈。

3. 传播途径与发病条件

以菌核在新梢和卷须的病斑上越冬。翌春产生分生孢子，借雨水传播。

4. 防治方法

（1）选用抗病品种。

（2）清除菌源。

（3）加强栽培管理，合理通风透光。

（4）早施药，巧用药。开花前、落花后和果实黄豆大小时各喷1次50%多菌灵可湿性粉剂600倍液或36%甲基硫菌灵悬浮剂500倍液、40%多硫悬浮剂600倍液、70%代森锰锌可湿性粉剂500倍液、75%百菌清可湿性粉剂600倍液，注意交替使用。

（八）花椒锈病

1. 病原

花椒鞘锈菌，属担子菌类真菌。

2. 症状

主要为害叶片。叶片染病，叶背面呈现黄色，似铁锈状。

3. 传播途径与发病条件

以多年生菌丝在桧柏的针叶、小枝及主干上部组织中越冬。翌春遇到充足的雨水，冬孢子角胶化产生担孢子，借风雨传播、侵染为害，潜育期：6～13天。

4. 防治方法

（1）砍除转主寄主，花椒园周围2～5千米内不宜栽植桧柏类针叶树。

（2）喷洒45%晶体石硫合剂30倍液消灭冬孢子。

（3）药剂防治。5月下旬至6月下旬喷2～3次15%三唑酮可湿性粉剂1 000倍液或25%丙环唑乳油2 000倍液，每隔15天左右1次。

二、果树主要虫害的综合防治技术

(一) 梨网蝽（梨冠网蝽）

属半翅目网蝽科。成虫、若虫在叶背吸食汁液，被害叶正面形成苍白点，背面有褐色斑点状虫粪及分泌物，使整个叶背呈锈红色。

1. 形态特征

成虫体扁平，暗褐色。翅上布满网状纹。前胸背板隆起，向后延伸成扁板状，盖住小盾片，两侧向外突出呈翼状。前翅合叠，其上黑斑构成“X”形斑纹。

2. 生活习性

1年发生3～4代，以成虫在枯枝落叶、翘皮缝、杂草和土石缝中越冬。

3. 防治方法

(1) 压低越冬虫源。9月树干绑草诱集越冬成虫，冬季彻底清除杂草、落叶，集中烧毁。

(2) 4月中旬若虫孵化盛期及越冬成虫出蛰后及时喷药防治。

(二) 绣线菊蚜（苹果黄蚜）

属同翅目蚜科。以成虫、若虫刺吸叶和枝梢的汁液，叶片被害后向背面横卷，影响新梢生长。

1. 形态特征

虫体多为黄色，有时黄绿或绿色，口器、腹管、尾片黑色。

2. 生活习性

1年多代，世代重叠，以卵越冬。

3. 防治方法

(1) 早春发芽前喷洒5%柴油乳剂杀卵。

（2）越冬卵孵化后喷洒1%阿维菌素乳油3 000～4 000倍液或52.25%农地乐乳油2 000倍液、48%乐斯本乳油1 500倍液、3%啶虫脒乳油2 000倍液、2.5%功夫乳油3 000倍液。

（3）药剂涂干。蚜虫初发期用毛笔蘸40%乐果乳油20～50倍液在树干上部或主枝基部涂6厘米宽的药环，涂后用塑料膜包扎。

（三）跳甲

属鞘翅目叶甲科。成虫取食花椒嫩叶或叶柄，一般先从叶缘食成缺刻，也有从叶片中间食成孔洞。幼虫孵化后直接蛀入花梗或叶柄为害嫩髓，仅留表皮，致使复叶、花序萎蔫下垂，继而变黑枯萎，遇风则跌落地面。幼虫还钻蛀幼嫩果实，为害果肉，使果实变空，提早脱落。蛀孔常有黄白色半透明胶状物流出，食空之髓部也有胶状物填充。幼虫可多次转移为害，老熟后跌落地面，潜入土中化蛹。

1. 形态特征

为害花椒的跳甲有铜色花椒跳甲、红胫花椒跳甲、蓝橘潜跳甲、花椒橘啮跳甲和枸橘跳甲5种。成虫体小，鞘翅为古铜色、蓝色、翠绿色或橘红色等，多具有金属光泽。

2. 生活习性

除花椒橘啮跳甲1年发生2～3代外，其他4种跳甲1年发生1代，以成虫在土中越冬。

3. 防治方法

（1）人工防治。4月底至5月中旬，随时检查花椒树萎蔫的花序和复叶，及时剪除，集中烧毁或深埋；6月上中旬中耕灭蛹；花椒收获后清除树下枯枝落叶和杂草，并刮除椒树翘皮，集中烧毁，可消灭部分越冬成虫。

（2）土壤处理。椒树发芽前将树冠下的土壤刨松，然后按每亩用50%辛硫磷乳油或48%乐斯本乳油0.6千克，对水30千克均匀喷洒在树干周围1～1.5米范围内的地面上，然后纵横交叉耙两遍，使药剂均匀混入土中，杀灭越冬成虫。

(3) 树上喷药。越冬成虫出蛰盛期即花椒现蕾期，可喷洒90%晶体敌百虫1 000倍液或80%敌敌畏乳油2 000倍液、48%乐斯本乳油1 000倍液、5%来福灵乳油2 000倍液、10%天王星乳油3 000～4 000倍液、4.5%高效氯氰菊酯乳油2 000倍液。

(四) 吉丁虫

属鞘翅目吉丁虫科。成虫取食叶片，形成缺刻或孔洞。幼虫蛀入椒树根颈、主干和侧枝的皮层下方，蛀食形成层和部分木质部，随虫龄增大，可潜入木质部为害。由于虫道迂回曲折，充满虫粪，导致皮层干枯剥离，使树势衰弱，叶片凋零，严重者枝干干枯或全株枯死。

1. 形态特征

体黑色，有紫铜色光泽，每个鞘翅上有4个"V"形紫蓝色斑。

2. 生活习性

1年发生1代，以幼虫在寄主皮层和木质部虫道内越冬。

3. 防治方法

(1) 人工防治。椒树整形修剪时，及时处理死亡椒树和干枯枝条。

(2) 药剂防治。花椒发芽期或果实采收后，用40%氧化乐果乳油与柴油或煤油按1∶50混合，在树干基部30～50厘米高处，涂1条宽3～5厘米的药环。当幼虫发生较轻时，用氧化乐果与柴油或煤油按1∶1涂抹；发生量大时，按1∶150涂抹。成虫出洞高峰期，用10%天王星乳油3 000～4 000倍液、4.5%高效氯氰菊酯乳油2 000倍液、80%敌敌畏乳油2 000倍液喷雾。

第十三节　农田常见杂草种类识别与防除

一、禾本科 (Gramineae)

本科特点：属单子叶杂草，为多年生、一年生或越年生草本植物，很少乔木或灌木。根为须根系，须根发达，无主根。茎秆圆筒形，有节与节间，节间中空。节部居间分生组织生长分化，使节间伸长。单叶互生成 2 列，由叶鞘、叶片和叶舌构成，叶鞘开裂，有时具叶耳；叶片狭长线形，或披针形，具平行叶脉，中脉显著，不具叶柄，通常不从叶鞘上脱落。花序顶生或侧生，多为圆锥花序，或为总状、穗状花序。小穗是本科的典型特征，由颖片、小花和小穗轴组成。花通常两性，或单性与中性，由外稃和内稃包被着，小花多有 2 枚微小的鳞被，雄蕊 3 枚或 1～6 枚，子房 1 室，含 1 胚珠；花柱通常 2，稀 1 或 3；柱头多呈羽毛状。果为颖果，少数为囊果、浆果或坚果。本科杂草有 300 余种，常见种类有 20 多种。

(一) 牛筋草 (*Eleusine indica*)

【别　　名】蟋蟀草。

【识别特征】一年生草本，高15～90 厘米（图 3－88）。根系极发达。秆丛生、直立或基部膝曲。秆、叶片坚韧不易扯断。叶片扁平或卷折，长达 15 厘米，宽 3～5 毫米，无毛或表面具疣状柔毛；叶鞘压扁，具脊，无毛或疏生疣毛，口部有时具柔毛；叶舌长约 1 毫米。穗状花序，长 3～10

图 3－88　牛筋草成株

厘米，宽3～5毫米，常为数个呈指状排列于茎顶端；小穗有花3～6朵，长4～7毫米，宽2～3毫米；颖披针形，第1颖长1.5～2毫米，第2颖长2～3毫米；第1外稃长3～3.5毫米，脊上具狭翼；种子矩圆形，近三角形，长约1.5毫米，有明显的波状皱纹。花果期6—10月。

【生境、为害】生于农田、路旁和荒地，广布全国各地。主要为害棉花、玉米、瓜类、豆类、薯类、蔬菜、果树、花生等。也是锈病、黏虫、稻飞虱的寄主。

【防除要点】可用禾草灵、吡氟禾草灵、草灭威、甲草胺、异丙甲草胺、丁草胺、丙草胺、氯草敏、莠去津、恶草酮、异恶草松、茅草枯、草甘膦、都阿混剂、灭草敌、西玛津、氟吡甲禾灵等药剂喷洒。

（二）稗草（*Echinochloa crusgalli*）

【别　　名】稗子、扁扁草。

图3-89　稗草植株

【识别特征】一年生草本，秆丛生，直立或基部膝曲，高50～130厘米，光滑无毛（图3-89）。叶鞘松弛，下部者长于节间，上部者短于节间；无叶舌；叶片无毛。圆锥花序主轴具角棱，粗糙；小穗密集于穗轴的一侧，具极短柄或近无柄；第一颖三角形，基部包卷小穗，长为小穗的1/3～1/2，具5脉，被短硬毛或硬刺疣毛，第二颖先端具小尖头，具5脉，脉上具刺状硬毛，脉间被短硬毛；第一外稃草质，上部具7脉，先端延伸成1粗壮芒，内稃与外稃等长。

【生境、为害】生于低湿农田、荒地、路旁或浅水中，全国各地均有分布。主要为害水稻，也是稻叶蝉、灰飞虱、稻纵卷叶螟、稻苞虫、稻蓟马、黏虫、二化螟、稻小潜叶蝇等的寄主。

【防除要点】实行水旱轮作，加强对秧田和旱田的管理，及时中耕除草，在苗期彻底拔除。药剂可用禾草灵、草灭畏、甲草胺、乙草胺、丁草胺、丙草胺、绿麦隆、扑草净、禾草特、恶草酮、敌稗等。

（三）光头稗（*Echinochloa colonum*）

【别　　名】芒稷、扒草。

【识别特征】一年生草本，秆直立，高10～60 厘米。叶片扁平，线形，长 3～20 厘米，宽 3～7 毫米，边缘稍粗糙，无毛；叶鞘压扁，背部具脊，无毛；无叶舌（图 3－90）。圆锥花序狭窄，长 5～10 厘米，主轴具棱，棱边上粗糙，通常无毛；花序分枝长 1～2 厘米，排列稀疏，直立上升或贴向主轴；穗轴无毛；或仅基部有 1～2 根疣基长毛；小穗卵圆形，长 2～2.5 毫米，具小硬毛，无芒，较规则的 4 行排列于穗轴的一侧；第一颖三角形，长为小穗的 1/2，具 3 脉，第二颖与第一花外稃等长且同形，先端具小尖头，具 5～7 脉，间脉常不达基部；第一小花中性，外稃具 7 脉，内稃膜质，稍短于外稃，脊上被短纤毛；第二小花外稃椭圆形，平滑，光亮，边缘包卷着同质的内稃。花果期 7—10 月。

图 3－90　光头稗的穗

【生境、为害】全国各地常见，多生于田野、园圃、路边。主要为害小麦、水稻等。

【防除要点】同稗草。

（四）无芒稗（*Echinochloa crusgalli*）

【别　　名】落地稗。

【识别特征】一年生草本，秆丛生，直立或倾斜，高 50～120 厘米，粗壮；叶片条形，长 20～30 厘米，宽 6～12 毫米，无毛，边缘粗糙；叶鞘光滑无毛，无叶舌。圆锥花序直立，长 10～20 厘米，分枝斜上举而开展，常再分枝；小穗卵状椭圆形，长约 3 毫米，无芒或具极短芒，芒长常不超过 0.5 毫米，脉上被疣基硬毛（图 3－91）。

图 3－91　无芒稗的穗

【生境、为害】多生于水边或路边草地上，分布全国，是农田常见杂草，部分棉花、豆类、蔬菜、果园、水稻受害严重。

【防除要点】同稗草。

（五）雀稗（*Paspalum thunbergii*）

【别　　名】罗罗草。

【识别特征】多年生、簇生草本，高 30～100 厘米。茎秆直立或基部极短的斜倚，秃净，罩生或分枝（图 3－92）。叶扁平或内卷，长 6～50 厘米，宽 4～12 毫米，先端渐尖，基部收窄或近心形，两面密被疏长毛，稀有秃净的；叶鞘秃净或密被疏长毛。总状花序 2～8 枚，互生，疏离，长 3～10 厘米。穗轴扁平，宽 1.5～3 毫米，边缘粗糙，腋间有白疏

图 3－92　雀稗的成株

毛；小穗圆形，长 2～3 毫米；第二颖与不孕小花的外稃等长，5 脉，秃净或被柔毛；不孕小花的外稃近边缘有皱纹，有脉 5 条；结实小花的外稃拱凸状，薄革质，边缘窄内卷，包围着内稃，秋间抽穗。

【生境、为害】生于荒野、路边及潮湿处，分布几乎遍及全国，是低湿地常见杂草，也是稻纵卷叶螟、稻苞虫、大螟、白翅叶蝉、稻小潜叶蝇的寄主。

【防除要点】敏感除草剂有噻禾灵、西玛津、恶草酮、百草枯、茅草枯、草甘膦、吡氟禾草灵、敌草隆、莠去津等。

（六）双穗雀稗（*Paspalum distichum*）

【别　　名】红拌根草、过江龙、游草、游水筋。

图 3-93　双穗雀稗的穗和根

【识别特征】多年生草本，主要以根茎和匍匐茎繁殖，种子也能做远途传播（图 3-93）。匍匐茎实心，长可达 5～6 米，直径 2～4 毫米，常具 30～40 节，水肥充足的土壤中可达 70～80 节，每节有 1～3 个芽，节节都能生根，每个芽都可以长成新枝，繁殖竞争力极强，蔓延甚速。于 4 月初匍匐茎芽萌发，6～8 月生长最快，并产生大量分枝，花枝高 20～60 厘米，较粗壮而斜生，节上被毛。叶片条状披针形，长 3～15 厘米，宽 2～6 毫米，叶面略粗糙，背面光滑具脊，叶片基部和叶鞘上部边缘具纤毛，叶舌膜质，长1.5毫米。总状花序2枚，个别3枚，指状排列于秆顶。小穗椭圆形成两行排列于穗轴的一侧，含2花，其中一花不孕。花果期6—10月。

【生境、为害】多生于低洼湿地或排水略差之处，是叶蝉、飞虱的越冬寄主。

【防除要点】同雀稗。

（七）看麦娘（*Alopecurus aequalis*）

【别　　名】牛头猛、山高粱、道旁谷。

图3-94　看麦娘的穗

【识别特征】一年生草本，秆少数丛生，细瘦，光滑，节处常膝曲，高15～40厘米（图3-94）。叶鞘光滑，短于节间；叶舌膜质，长2～5毫米；叶片扁平，长3～10厘米，宽2～6毫米。圆锥花序圆柱状，灰绿色，长2～7厘米，宽3～6毫米；小穗椭圆形或卵状椭圆形，长2～3毫米；颖膜质，基部互相联合，具3脉，脊上有细纤毛，侧脉下部有短毛；外稃膜质，先端钝，等大或稍长于颖，下部边缘相连合，芒长1.5～3.5毫米，约于稃体下部1/4处伸出，隐藏或外露；花药橙黄色，长0.5～0.8毫米。颖果长1毫米。花、果期4—8月。

【生境、为害】生于较湿润的农田或地边。全国各地均有分布。主要为害稻茬麦田、油菜等作物，地势低洼的麦田受害最重。也是稻叶蝉、灰飞虱、稻蓟马、麦蚜、麦红蜘蛛的寄主。

【防除要点】合理安排作物换茬，加强田间管理，适时中耕除草。药剂防除可用禾草灵、敌草胺、绿麦隆、禾草丹、西玛津、扑草净、伏草隆、异丙隆、噻禾灵、氟吡甲禾灵、吡氟禾草灵、烯禾啶、精恶唑禾草灵等。

（八）马唐（*Digitaria sanguinalis*）

【别　　名】抓根草、鸡爪草、叉子草。

【识别特征】一年生或多年生草本，秆丛生，斜升，节着地生根（图3-95）。叶带状披针形，叶鞘基部及鞘口有毛。叶舌膜质，黄棕色，先端钝圆。指状花序，小穗成对着生于穗轴一侧，一有柄，另一无柄或具短柄。幼苗：密生柔毛。第1片真叶卵状披针形，具19条平行脉，叶鞘脉7条。叶舌微小，顶端齿裂，叶鞘密被长柔毛。第2片真叶带状披针形，叶舌三角形，全株被毛。

图3-95　马唐成株

【生境、为害】生于耕地、田边、路旁、村落或房屋周围坡地。主要为害棉花、豆类、花生、瓜类、薯类、玉米、蔬菜、果树等，也是炭疽病、黑穗病、稻纵卷叶螟、黏虫、稻蚜、玉米蚜、稻叶蝉的寄主。

【防除要点】合理轮作，敏感除草剂有禾草灵、吡氟禾草灵、烯禾啶、甲草胺、异丙甲草胺、乙草胺、草灭畏、敌稗、敌草胺、氟乐灵、绿麦隆、禾草丹、地乐酚、西玛津、扑草净、恶草酮、异恶草松、百草敌、茅草枯、草甘膦、灭草敌、都阿混剂、都莠混剂、五氯酚钠、氟吡甲禾灵、伏草隆等。

（九）狗尾草（*Setaria viridis*）

【别　　名】谷莠子、狗毛草、毛毛狗。

【识别特征】一年生草本植物，高30～100厘米。秆疏丛生，直立或基部膝曲上升（图3-96）。叶片条状披针形；叶鞘

图 3－96　狗尾草成株

松弛，光滑，鞘口有毛；叶舌毛状。圆锥花序呈圆柱状，直立或稍弯垂，刚毛绿色或变紫色；小穗椭圆形，长 2～2.5 厘米，2 至数枚簇生，成熟后与刚毛分离而脱落；第一颖卵形，长约为小穗的 1/3；第二颖与小穗近等长；第一外稃与小穗等长，具5～7脉，内稃狭窄。谷粒长圆形，顶端钝，具细点状皱纹。颖果椭圆形，腹面略扁平。

【生境、为害】生于耕地、路旁、荒地、脱谷场及周围隙地。全国均有分布。也是稻纵卷叶螟、稻苞虫、黏虫、小地老虎、稻蓟马、稻蚜、黑尾叶蝉的寄主。

【防除要点】加强田间管理，及时中耕除草，可用禾草灵、喹禾灵、草灭畏、甲草胺、异丙甲草胺、乙草胺、敌稗、氟乐灵、绿麦隆、灭草敌、一雷定、西玛津、扑草净、恶草酮、异恶草松、百草敌、茅草枯、草甘膦、都阿混剂、都莠混剂、五氯酚钠、敌草胺等药剂防除。

（十）蜡烛草（*Phleum paniculatum*）

【别　　名】鬼蜡烛、假看麦娘。

【识别特征】越年生或一年生草本，秆直立丛生，具 3～5 节。叶鞘较松弛，短于节间；叶片扁平，叶舌膜质，长 2～4 毫米。圆锥花序紧密呈圆柱状，形似蜡烛，幼时绿色，成熟后变黄色，长 2～10 厘米，宽 4～8 毫米。小穗倒三角形，两侧压扁，含 1 朵小花。内外颖近等长，中脉成脊。外稃卵形，长 1.2～2 毫米，内稃与外稃近等长。花期 4 个月，种子繁殖。

【生境、为害】生于耕地、路旁、荒地，全国均有分布。主要为害谷子、麦类、水稻、玉米等禾谷类作物。

【防除要点】敏感除草剂有禾草灵、甲草胺、异丙甲草胺、乙草胺、氟乐灵、绿麦隆、灭草敌、西玛津、扑草净、恶草酮、异恶草松、百草敌、茅草枯、草甘膦、都阿混剂、都莠混剂、五氯酚钠、敌草胺等。

二、莎草科（Cyperaceae）

本科特点：单子叶杂草，多年生或一年生草本。秆实心，常三棱形，无节；叶通常 3 列，有时缺，叶片狭长，有封闭的叶鞘；花小，两性或单性，生于小穗鳞片（常称为颖）的腋内，小穗复排成穗状花序、总状花序、圆锥状花序、头状花序或聚伞花序等各种花序；花被缺或为下位刚毛、丝毛或鳞片；雄蕊 1～3 枚；子房上位，1 室，有直立的胚珠 1 颗，花柱单一，细长或基部膨大而宿存，柱头 2～3；果为一瘦果或小坚果。常见有 20 余种。

（一）香附子（*Cyperus rotundus*）

【别　　名】三棱草、回头青。

【识别特征】多年生草本。有匍匐根状茎细长，部分肥厚成纺锤形有时数个相连。茎直立，三棱形（图 3－97）。叶丛生于茎基部，叶鞘闭合包于上，叶片窄线形，长 20～60 厘米，宽 2～5 毫米，先端尖，全缘，具平行脉，主脉于背面隆起，质硬；花序复穗状，3～6 个在茎顶排成伞状，基部有叶片状的总苞 2～4 片，与花序几等长或长于花序；小穗宽线形，略扁平，长 1～3 厘米，宽约 1.5 毫米；颖 2 列，排列紧密，卵形至长圆卵形，长约 3 毫米，膜质，两侧紫红色，有数脉；每颗着生 1 花，雄蕊 3，药线形；柱头 3，呈丝状。小坚果长圆倒卵形，三棱状。花期 6—8 月。果期 7—11 月。

【生境、为害】生于农田、荒地或路旁，是旱作物田、果园的常见杂草，主要为害棉花、花生、大豆、甘薯、蔬菜和果树，水稻也受其害。

图 3-97　香附子的植株和块茎

【防除要点】加强田间管理，适时中耕除草，深耕深翻土地。除草剂可用甲草胺、异丙甲草胺、草甘膦、乙草胺、茅草枯、恶草酮、灭草松、敌草隆、莎扑隆、灭草敌、一雷定、菌达灭、三氟羧草醚、丁草敌等。

（二）异型莎草（*Cyperus difformis*）

【别　　名】咸草、王母钗。

【识别特征】一年生草本。秆丛生，高 2～65 厘米，扁三棱形（图3-98）。叶线形，短于秆，宽 2～6 毫米；叶鞘褐色；苞片 2～3 片，叶状，长于花序。长侧枝聚伞花序简单，少数复出；辐射枝 3～9 个，长短不等；头状花序球形，具极多数小穗，直径 5～15 毫米；小穗披针形或线形，长 2～8 毫米，具花 2～28 朵；

图 3-98　异型莎草的穗

鳞片排列稍松，膜质，近于扁圆形，长不及1毫米，顶端圆，中间淡黄色，两侧深红紫色或栗色，边缘白色；雄蕊2，有时1；花柱极短，柱头3。小坚果倒卵状椭圆形、三棱形，淡黄色。花果期7—10月。

【生境、为害】生于水边湿地或稻田内，是水稻重要杂草，部分水稻受害严重。

【防除要点】全面土壤深翻，及时拔除杂草，可用百草枯、草甘膦、丁草胺、丙草胺、噁草酮、异恶草松、苄嘧磺隆与苯噻酰草胺的复配剂、吡嘧磺隆与苯噻酰草胺的复配剂、噁草酮与丁草胺的复配剂、苄嘧磺隆与丙草胺的复配剂等药剂防除。

（三）牛毛毡（*Eleocharis yokoscensis*）

【别　　名】牛毛草。

【识别特征】幼苗细针状，具白色纤细匍匐茎，长约10厘米，节上生须根和枝。地上茎直立，秆密丛生，细如牛毛（图3-99）。株高2～12厘米，绿色，叶退化，在茎基部2～3厘米处具叶鞘。茎顶生1穗状花序，狭卵形至线状或椭圆形略扁，浅褐色，长2～4毫米，花数朵。鳞片卵形，浅绿色，生3根刚毛，长短不一，鳞片内全有花，膜质；花柱头3裂，雄蕊3个，雌蕊1个。小坚果狭矩圆形，无棱，表生隆起网纹。靠根茎和种子繁殖。

图3-99　牛毛毡群体

【生境、为害】生于湿地或稻田内，是稻田恶性杂草之一，部分水稻受害严重。

【防除要点】实行水旱轮作，加强田间管理，及时中耕除草。可用丁草胺、丙草胺、禾草丹、甲羧除草醚、西草净、苄嘧磺隆、吡嘧磺隆、灭草松、恶草酮、禾草特、克草胺、扑草净等药剂防除。

（四）水莎草（*Cyperus glomeratus*）

【别　　名】三棱草。

【识别特征】多年生草本，高 35～100 厘米。根状茎长，横走。秆粗壮，扁三棱形，光滑。叶片少，线形，短于或有时长于秆，宽 3～10 毫米，先端狭尖，基部折合，全缘，上面平展，下面中肋呈龙骨状凸起。苞片 3 或少有 4，叶状，较花序长约 1 倍以上，最宽处 8 毫米；复出长侧枝聚伞花序有 4～7 个第一次辐射枝，辐射枝向外展开，长短不等，最长达 16 厘米，每一辐射枝上有 1～3 个穗状花序，每一穗状花序又有 5～17 个小穗，花序轴疏被短硬毛；小穗排列疏松，近平展，披针形或线状披针形，长 8～20 毫米，宽约 3 毫米，有花 10～30 朵，小穗轴有白色透明翅；鳞片初期排列紧密，后期疏松，纸质，宽卵形，长约 2.5 毫米，先端钝圆或微缺，背面中肋绿色，两侧红褐色或暗红褐色，边缘透明，黄白色，有 5～7 条脉；雄蕊 3，花药线形，药隔暗红色；花柱短，柱头 2，细长，有暗红色斑纹。小坚果椭圆形或倒卵形，平凸状，长约 2 毫米，棕色，稍有光泽，有小点状凸起。花期 7—8 月，果期 10—11 月（图 3-100）。

图 3-100　水莎草的穗和根

【生境、为害】生于浅水中、水边沙地或路边湿地。部分水稻受害严重。

【防除要点】同异型莎草。

（五）飘拂草（*Fimbristylis miliacea*）

【别　　名】筅帚草、鹅草、水虱草。

【识别特征】一年生草本，无根状茎。秆丛生，高 10～60 厘米，扁四棱形，具纵槽，基部包着 1～3 个无叶片的鞘（图 3－101）。叶长于或短于秆，侧扁，剑状，先端刚毛状；鞘侧扁，背面呈龙骨状，边缘膜质，锈色，鞘口斜裂，无叶舌；苞片 2～4 枚，刚毛状，基部较宽。聚伞花序复出或多次复出；辐射枝 3～6 个；小穗单生于辐射枝顶端，球形；鳞片膜质，卵形，栗色，具白色狭边，背面龙骨凸起，具有 3 条脉；雄蕊 2；花柱三棱形，基部稍膨大，柱头 3。小坚果倒卵状，麦秆黄色，具疣状凸起和横裂圆形网纹。

图 3－101　飘拂草的成株和幼草

【生境、为害】生于潮湿沼泽地区和水稻田中，我国大部分地区有分布。是稻田、旱作物地常见杂草，部分水稻、旱作物受害较重。

【防除要点】加强田间管理，精细整地，及时中耕除草。药剂可用丙草胺、扑草净、二甲四氯、苄嘧磺隆、灭草松、恶草酮、异丙甲草胺等。

（六）萤蔺（*Scirpus juncoides*）

【识别特征】多年生草本。根状茎短，有多数须根。秆丛生，圆柱形，直立，高 25～60 厘米，较纤细，平滑。无叶片，有 1～3 个叶鞘着生在秆的基部。苞片 1，直立，为秆的延长；小穗假侧生，鳞片宽卵形；柱头 3，下位刚毛 5～6 条。小坚果宽倒卵形，暗褐色，具不明显的横皱纹。以种子和根茎繁殖（图 3－102）。

图 3－102　萤蔺成株

【生境、为害】生于水稻田、池边或浅水边。在有些水稻田中发生量较大，水稻受害较重。

【防除要点】实行水旱轮作，加强田间管理，及时中耕除草，早期彻底清除田边、渠边杂草。药剂可用二甲四氯、禾草特、恶草酮、灭草松、吡嘧磺隆、苄嘧磺隆、丙草胺等。

（七）扁秆藨草（*Scirpus planiculmis*）

【识别特征】多年生草本。根状茎具地下匍匐枝，其顶端变粗成块茎状，块茎倒卵状或球形，长 1～2 厘米，径 1～1.5 厘米。秆单一，高30～80 厘米，较细，三棱形，平滑，具多数秆生叶。叶片长线形，扁平，宽 2～5 毫米。苞片叶状，1～3 枚，比花序长；长侧枝聚伞花序短缩成头状或有时具 1～2 个短的辐射枝，通常具 1～6 个小穗；小穗卵形，长 1～1.5 厘米，宽 6～7 毫米，锈褐色或黄褐色，具多数花；鳞片椭圆形或椭圆状披针形，长 6～7 毫米，顶端凹头，微缺刻状撕裂，膜质，无侧脉，背部疏生糙硬毛，具 1 条中肋，顶端延伸成芒，芒长约 1 毫米，稍反曲；下位刚毛 2～4 条，为小坚果的 1/2，具倒生刺；雄蕊 3，花药黄色。小坚果倒卵形或广倒卵形，长3～3.5 毫米，两侧扁压，微凹，稍呈白色或淡褐色，有光泽，表面细胞稍大，稍呈六角形，似蜂窝状，花柱丝状，长7～8毫米，于上部1/3～1/2处分裂，柱头2（图3-103）。

图3-103　扁秆藨草植株

【生境、为害】生于湿地或浅水中，是稻田常见杂草，部分水稻受害较重。

【防除要点】实行水旱轮作，秋翻深耕，加强田间管理，适时中耕除草，可用禾草特、吡嘧磺隆、苄嘧磺隆、灭草松、二甲四氯、莎扑隆等药剂防除。

三、菊科（Asteraceae）

本科特点：双子叶杂草，多为草本。叶常互生，无托叶。头状花序单生或再排成各种花序，外具一至多层苞片组成的总苞。花两性，稀单性或中性，极少雌雄异株。花萼退化，常变态为毛状、刺毛状或鳞片状，称为冠毛；花冠合瓣，管状、舌状或唇状；雄蕊5，着生于花冠筒上；花药合生成筒状，称聚药雄蕊。心皮2，合生，子房下位，1室，1胚珠。花柱细长，柱头2裂。果为连萼瘦果，顶端常具宿存的冠毛。

（一）苍耳（*Xanthium sibiricum*）

【别　　名】道人头、苍子、老苍子、风麻子。

【识别特征】一年生草本，高可达1米（图3-104）。叶卵状三角形，长6～10厘米，宽5～10厘米，顶端尖，基部浅心形至阔楔形，边缘有不规则的锯齿或常成不明显的3浅裂，两面有贴生糙伏毛；叶柄长3.5～10厘米，密被细毛。壶体状无柄，长椭圆形或卵形，长10～18毫米，宽6～12毫米，表面具

图 3-104　苍耳成株

钩刺和密生细毛，钩刺长 1.5～2 毫米，顶端喙长 1.5～2 毫米。花期 8—9 月，果期 8—11 月。

【生境、为害】生于山坡、草地或路旁，是农田常见杂草，主要为害棉花、大豆、高粱、玉米、谷子等作物，也是棉蚜、棉铃虫、玉米螟、地老虎的寄主。

【防除要点】合理安排作物轮作换茬，清选种子。敏感除草剂有异丙甲草胺、吡氟禾草灵、西玛津、扑草净、灭草松、恶草酮、百草枯、溴苯腈、绿麦隆、甲羧除草醚、氟磺胺草醚等。

（二）刺儿菜（*Cirsium setosum*）

【别　　名】刺刺芽、小蓟、刺蒡花。

图 3-105　刺儿菜成株

【识别特征】多年生草本，高 20～50 厘米。根状茎长，茎直立，有纵沟棱，无毛或被蛛丝状毛。叶椭圆或椭圆状披针形，长 7～10 厘米，宽 1.5～2.5 厘米，先端锐尖，基部楔形或圆形，全缘或有齿裂，有刺，两面疏或资被蛛丝状毛。头状花序单生于茎顶，雌雄异株或同株，总苞片多层，顶端长尖，具刺；管状花，紫红色。瘦果椭圆或长卵形，冠毛羽状（图 3-105）。

【生境、为害】生于荒地、路旁、田间，是各种旱作物地的常见杂草，部分大麦、小麦、玉米、棉花、马铃薯等作物受害较重，也是小地老虎、棉蓟马、绿盲蝽、棉大造桥虫、花生蚜、二十八星瓢虫、朱砂叶螨等的寄主。

【防除要点】敏感除草剂有草灭畏、乳氟禾草灵、扑草净、灭草松、百草枯、草甘膦、溴苯腈、都莠混剂等。

（三）鳢肠（*Eclipta prostrata*）

【别　　名】墨草、旱莲草、墨旱莲。

【识别特征】一年生草本，高15～60厘米。茎直立或匍匐，自基部或上部分枝，绿色或红褐色，被伏毛。茎、叶折断后有墨水样汁液。叶对生，无柄或基部叶有柄，被粗伏毛；叶片长披针形、椭圆状披针形或条状披针形，全缘或有细锯齿。花序头状，腋生或顶生；总苞片2轮，5～6枚，有毛，宿存；托叶披针形或刚毛状；边花白色，舌状，全缘或2裂；心花淡黄色，筒状，4裂。舌状花的瘦果四棱形，筒状花的瘦果三棱形，表面都有瘤状凸起，无冠毛。幼苗上、下胚轴均较发达，子叶椭圆形或近圆形；初生叶2片，椭圆形，叶背被白色粗毛。种子繁殖。种子经越冬休眠后萌发。鳢肠喜湿耐旱，抗盐耐瘠和耐阴。在潮湿的环境里被锄移位后，能重新生出不定根而恢复生长，故称之为“还魂草”，并能在含盐量达0.45%的中重盐碱地上生长。鳢肠具有惊人的繁殖力，1株可结籽1.2万粒。这些种子或就近落地入土，或借助外力向远处传播（图3-106）。

图3-106　鳢肠的成株及头状花序

【生境、为害】广布我国。生于低洼湿润地带和水田中。常为害棉花、豆类、瓜类、蔬菜、甜菜、小麦、玉米和水稻等作物。此外，也是地老虎的寄主。

【防除要点】敏感除草剂有吡嘧磺隆、灭草松、恶草酮、丁草胺、丙草胺、乳氟禾草灵、苄嘧磺隆、扑草净、莠去津、环庚草醚等。

（四）飞廉（*Carduns crispus*）

【别　　名】飞帘、大力王、老牛错、鲜飞廉。

【识别特征】二年生草本，高 50～120 厘米（图 3－107）。主根肥厚，伸直或偏斜。茎直立，具纵棱，棱有绿色间歇的三角形刺齿状翼。叶互生；通常无柄而抱茎；下部叶椭圆状披针形，长 5～20 厘米，羽状深裂，裂片常大小相对而生，边缘刺，上面绿色，具细毛或近乎光滑，下面初具蛛丝状毛，后渐变光滑；上部叶渐小。头状花序 2～3 个簇生枝端，直径 1.5～2.5 厘米，总苞钟状，长约 2 厘米，宽 1.5～3 厘米；总苞片多层，外层较内层逐变短，中层条状披针形，先端长尖成刺状，向外反曲，内层条形，膜质，稍带紫色；花全为管状花，两性，紫红色，长 15～16 毫米。瘦果长椭圆形，长约 3 毫米，先端平截，基部收缩；冠毛白色或灰白色，长约 15 毫米，呈刺毛状，

图 3－107　飞廉成株和幼草

稍粗糙。花期5—7月。

【生境、为害】生于耕地、田边、路旁、沟边、堆肥场、村落附近或房屋周围隙地，是旱作物地常见杂草，部分麦田、绿肥田、果园、幼龄林木受害较重。

【防除要点】合理安排轮作换茬，加强田间管理，及时中耕除草，敏感除草剂有2，4-D、二甲四氯+麦草畏、灭草松、百草枯、溴苯腈等。

（五）小飞蓬（*Comnyza canadensis*）

【别　　名】小白酒草、小飞莲。

【识别特征】茎直立，株高50～100厘米，具粗糙毛和细条纹。叶互生，叶柄短或不明显。叶片窄披针形，全缘或微锯齿，有长睫毛。头状花序有短梗，多形成圆锥状。总苞半球形，总苞片2～3层，披针形，边缘膜质，舌状花直立，小，白色至微带紫色，筒状花短于舌状花。瘦果扁长圆形，具毛，冠毛污白色。种子繁殖（图3-108）。

图3-108　小飞蓬幼草、成株

【生境、为害】生于耕地、田边、路旁、沟边、荒地、村落或房屋周围隙地，是农田常见杂草，河滩、渠旁、路边常见大片群落。主要为害小麦、玉米、棉花、大豆、蔬菜、果树等作物，也是朱砂叶螨、棉铃虫、小地老虎的寄主。

【防除要点】敏感除草剂有2，4－D、二甲四氯、麦草畏、灭草松等。

（六）苣荬菜（*Sonchus brachyotus*）

【别　　名】败酱草、取麻菜、曲曲芽。

图3－109　苣荬菜植株

【识别特征】多年生草本，全株有乳汁。茎直立，高30～80厘米（图3－109）。叶互生，披针形或长圆状披针形。长8～20厘米，宽2～5厘米，先端钝，基部耳状抱茎，边缘有疏缺刻或浅裂，缺刻及裂片都具尖齿；基生叶具短柄，茎生叶无柄。头状花序顶生，单一或呈伞房状，直径2～4厘米，总苞钟形；花全为舌状花，黄色；雄蕊5，雌蕊1，子房下位，花柱纤细，柱头2裂。瘦果长椭圆形，具纵肋，冠毛细软。花期7月至翌年3月，果期8—10月至翌年4月。

【生境、为害】生于耕地、田边、沟边、荒地等，是农田常见杂草，主要为害玉米、蔬菜、豆类、棉花、果树等旱作物，也是麦蚜、菜蚜、棉蚜、小地老虎、叶蝉、飞虱的寄主。

【防除要点】加强田间管理，及时清洁田园，中耕除草。常用除草剂有草甘膦、百草枯、灭草松、二甲四氯等。

四、十字花科（Cruciferae）

本科特点：一年生至多年生草本，少数为灌木或乔木，常为单叶，少数复叶，无托叶，具单毛或分叉毛，有时具腺毛或无毛；总状花序或伞房花序；花两性，常无苞片；萼片4，直立至开展，成2对，交互对生，有时内轮基部囊状；花瓣4，十字形，和萼片互生，黄色、白色或紫色，常有爪；雄蕊6，少有由于退化成4、2或1，极少多于6，四强，外轮2个短，内轮4个长，花药2室（极少1室），花丝有时具翅、齿或附属物；生在短雄蕊基部的侧蜜腺常存在，成各种形状，有或无中密腺；子房有2连合心皮，1～2室，有1至多侧胚珠，生在2侧膜胎座上；中间被一膜质假隔膜所分隔；花柱单一，有时不存在，柱头常头状，不裂至2裂；果实为长角果或短角果，从下向上以2裂瓣开裂，或不裂，有时横裂成具1至数种子的部分，果瓣膜质至革质，平坦或膨胀，有时具脊、翅或附属物，无毛或有毛，具1至多数平行脉；种子1至多数成1～2行，平滑、颗粒状或网状，有时具翅，有时湿时发黏，无胚乳。

（一）播娘蒿（*Descuminia sophia*）

【别　名】米蒿、线香子、眉毛蒿。

【识别特征】一年或二年生草本，高20～80厘米，全株呈灰白色。茎直立，上部分枝，具纵棱槽，密被分枝状短柔毛（图3-110）。叶轮廓为矩圆形或矩圆状披针形，长3～7厘米，宽1～4厘米，二至三回羽状全裂或深裂，最终裂片条形或条状矩圆形，长2～5毫米，宽1～1.5毫米，先端钝，全缘，两面被分枝短柔毛；茎下部叶有柄，向上叶柄逐渐缩短或近于无柄。总状花序顶生，具多数花；具花梗；萼片4片，条状矩圆形，先端钝，边缘膜质，背面具分枝细柔毛；花瓣4片，黄色，匙形，与萼片近等长；雄蕊比花瓣长。长角果狭条形，长2～3

图3-110　播娘蒿植株

厘米，宽约1毫米，淡黄绿色，无毛。种子1行，黄棕色，矩圆形，长约1毫米，宽约0.5毫米，稍扁，表面有细纹，潮湿后有胶黏物质。花果期6—9月。

【生境、为害】生于荒野、路旁和农田，是盐碱土地麦田常见杂草，主要为害小麦、油菜、蔬菜、果树等作物，也是油菜茎象甲的寄主。

【防除要点】合理进行轮作，加强田间管理，敏感除草剂有二甲四氯、麦草畏、苯磺隆、莠去津、百草枯、溴苯腈、都阿混剂等。

（二）荠菜（*Capsella bursa - pastoris*）

【别　　名】荠、荠菜花。

【识别特征】一年或二年生草本，高20～50厘米。茎直立，有分枝，稍有分枝毛或单毛。基生叶丛生，呈莲座状，具长叶柄，达5～40毫米；叶片大头羽状分裂，长可达12厘米，宽可达2.5厘米，顶生裂片较大，卵形至长卵形，长5～30毫米，侧生者宽2～20毫米，裂片3～8对，较小，狭长，呈圆形至卵形，先端渐尖，浅裂或具有不规则粗锯齿；茎生叶狭被外形，长1～2厘米，宽2～15毫米，基部箭形抱茎，边缘有缺刻或锯齿，两面有细毛或无毛。总状花序项生或腋生，果期延长达20厘米；萼片长圆形；花瓣白色，匙形或卵形，长2～3毫米，有短爪。短均果倒卵状三角形或倒心状三角形，长5～8毫米，宽4～7毫米，扁平，无毛，先端稍凹，裂瓣具网脉，花柱长约0.5毫米。种子2行，呈椭圆形，浅褐色。花果期4—6月（图3-111）。

【生境、为害】生于耕地、田边、路旁、沟边、荒地及房前屋后，是农田极常见杂草，主要为害小麦、油菜、绿肥、蔬菜等作物，也是棉蚜、麦蚜、桃蚜、花生蚜、菜蚜、豌豆潜叶蝇、小地老虎、绿盲蝽、菜粉蝶的寄主。

【防除要点】合理轮作，加强田间管理。敏感除草剂有草灭

图 3－111　荠菜的成株、种子、细菌

畏、异丙甲草胺、敌草胺、乳氟禾草灵、西玛津、苯磺隆、噻吩磺隆、灭草松、恶草酮、草甘膦、溴苯腈、百草枯、都阿混剂等。

（三）离子草（*Chorispora tenella*）

【识别特征】一年生草本，高 15～40 厘米，全株疏生头状短腺毛。茎斜上或铺散。从基部分枝。基生叶有短柄，叶片长圆形，长 3～4 厘米，宽 4～6 毫米；茎下部叶有深波状牙齿；茎上部叶有牙齿或近全缘，疏生头状短腺毛，总状花序稀疏而短，果期伸长；花紫色，萼片淡蓝紫色，具白色边缘，长圆形，内侧萼片基部稍呈囊状，长 4～5 毫米；花瓣狭倒卵状长圆形或长圆状匙形，长 9～11 毫米，基部有长爪，瓣片狭倒卵形，长 4 毫米；雄蕊分离，在短雄蕊的内侧基部两侧各有 1 长圆形蜜腺；子房无柄。长角果细圆柱形，长 1.5～3 厘米，直或稍弯：有横节，不开裂，但逐节脱落，先端有长喙，喙长 10～20 毫米。种子扁平，有边，随节段脱落，每节段有 2 粒种子（图 3－112）。

【生境、为害】生于沟边、草地、田地。分布于我国华北、西北各省区。部分蔬菜、玉米、薯类受害较重。

【防除要点】敏感除草剂有草灭畏、敌草胺、乳氟禾草灵、西玛津、苯磺隆、噻吩磺隆、灭草松、恶草酮、草甘膦、溴苯腈、百草枯、都阿混剂、都莠混剂等。

图 3-112　离子草成株、幼苗

（四）糖芥（*Erysimum bungei*）

【别　　名】冈托巴。

图 3-113　糖芥成株

【识别特征】一年生或二年生草本，高30～60 厘米。密生伏贴二叉毛。茎直立，具棱角（图 3-113）。叶对生；叶柄长 1.5～2 厘米；叶披针形或长圆状线形，基生叶长 5～15 厘米，宽 5～20 毫米，先端急尖，基部渐狭，全缘，两面有二叉毛；上部叶有短柄或无柄，基部近抱茎，边缘有波状齿或近全缘。总状花序顶生，有多数花；萼片长圆形，长 5～7 毫米，密生二叉毛，边缘白色膜质；花瓣黄色，倒披针形，长 10～14 毫米，有细脉纹，先端圆形，基部具长爪；雄蕊 6，近等长；雌蕊 1，子房有多数胚珠，柱头头柱，稍 2 裂。长角果线形，长 4～8 厘米，具 4 棱，棱上有 3～4 叉毛。种子每室 1 行，长圆形，侧扁，深红褐色。花期 6—8 月，果期 7—9 月。

【生境、为害】生于农田荒地，是麦田、菜地常见杂草，部分小麦受害较重。

【防除要点】合理轮作倒茬，加强田间管理，及时清除杂草，敏感除草剂有麦草威、利谷隆、莠去津、嗪草酮、溴苯腈、甲羧除草醚、西玛津、二甲四氯等。

模块四　农作物病虫害田间调查及预测预报

第一节　病虫害的田间分布类型

植物病虫害在田间的分布受种类、数量、来源及田间植物、土壤、小气候等多种因素的影响，是确定田间调查取样方法的主要依据。

一、随机分布

随机分布即个体独立地、随机地分配到可利用的单位中去，每个个体占空间任何一点的概率是相等的，并且任何一个个体的存在决不影响其他个体的分布，即相互是独立的，病虫在田间分布呈比较均匀的状态，如图 4-1（1）所示。属于这类分布的病虫害可用潘松分布理论的公式表示。如玉米螟的卵块、小麦散黑穗病在田间的分布等。

二、核心分布

核心分布即个体形成很多大小集团或称核心，并向四周做放射状扩散蔓延。核心之间的关系是随机的，为一种不均匀分布，如图 4-1（2）所示。如二化螟、土壤线虫病等。

三、嵌纹分布

嵌纹分布即个体分布疏密相嵌，很不均匀，呈嵌纹状，如图 4-1（3）所示。如棉叶螨、棉铃虫幼虫、小麦白粉病等。

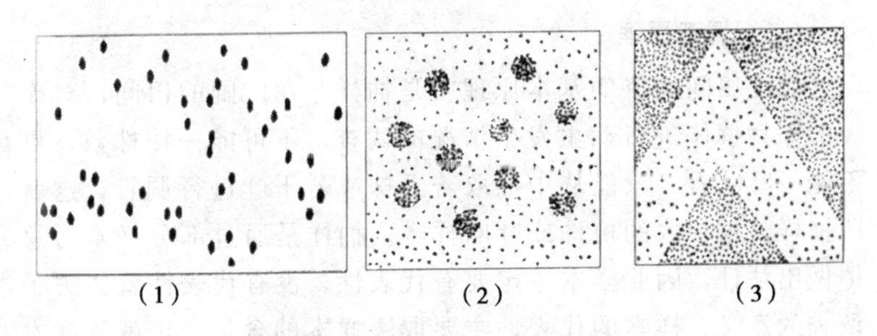

图 4-1　病虫害的田间分布类型

(1) 随机分布 (2) 核心分布 (3) 嵌纹分布

第二节　病虫田间调查及预测预报

一、病虫田间调查的概述

病虫田间调查是在病虫害发生现场，收集有关病虫害发生情况（如发生时间、发生数量、发生范围、发育进度、为害状况等）以及相关的环境因素的基本数据，为开展病虫害预测预报、制定防治方案或有关试验研究提供可靠的数据资料和依据的基础性工作。主要工作内容包括明确调查对象，规范调查时间、方法，统一数据整理方法和结果记载格式。

(一) 调查类型

根据调查目的需要，可分为不同类型的调查，服务于病虫害预测预报的调查，通常分为两种类型。

（1）系统调查。为了解一个地区病虫发生消长动态，进行定点、定时、定方法，在一个生长季节要开展多次的调查。

（2）大田普查。为了解一个地区病虫发生关键时期（始期、始盛期、发展末期）整体发生情况，在较大范围内进行的大面积多点同期的调查。

（二）调查原理

病虫田间调查的基本原理就是抽样。在广阔的田间，对庞大的作物群体进行病虫发生情况的调查，不可能一株株数，更不能一叶叶看，只能从中抽取若干株或若干叶进行调查，这就叫抽样。被抽取的植株或叶叫样本。抽样是通过部分样本对总体做出估计，因此样本一定要有代表性。没有代表性就失去了调查的意义。样本的代表性主要取决样本的含量，也就是样本的大小和抽样的方法是否科学。

（三）抽样方法

按照抽样方法布局形式的不同基本可分为两大类，即随机抽样和顺序抽样（或称机械抽样），从调查的步骤上还可分为分层抽样、分级抽样、双重抽样以及几种抽样方法配合等。病虫测报田间调查常用的取样方法属于顺序抽样。

顺序抽样：按照总体的大小，选好一定间隔，等距地抽取一定数量的样本。另一种理解是先将总体分为含有相等单位数量的区，区数等于拟抽出的样方数目。随机地从第一区内抽了一个样本，然后隔相应距离分别在各小区内各抽一个样本，这种抽样方法又称为机械抽样或等距抽样。病虫田间调查中常用的5点取样、对角线取样、棋盘式取样、Z字形取样、双直线跳跃取样等严格讲都属于此类型。顺序取样的好处是方法简便，省时、省工，样方在总体中分布均匀。缺点是从统计学原理出发认为这些样方在一块田中只能看作是一个单位群，故无法计算各样方间的变异程度，也即无法计算抽样误差，从而也就无法进行差异比较，或置信区间计算。但可用与其他方法配合使用来加以克服。

（四）病虫田间调查常用取样方法

（1）5点取样法。适用于密集的或成行的植株、害虫分布为随机分布的种群，可按一定面积、一定长度或一定植株数量选取5个样点。

（2）对角线取样法。适用于密集的或成行的植株、病虫害分布为随机分布的种群，有单对角线和双对角线两种。

（3）棋盘式取样法。适用于密集的或成行的植株、病虫害分布为随机或核心分布的种群。

（4）平行跳跃式取样法。适用于成行栽培的作物、害虫分布属核心分布的种群，如稻螟幼虫调查。

（5）Z字形取样。适合于嵌纹分布的害虫，如棉花叶螨的调查。各种取样方式如图4-2所示。

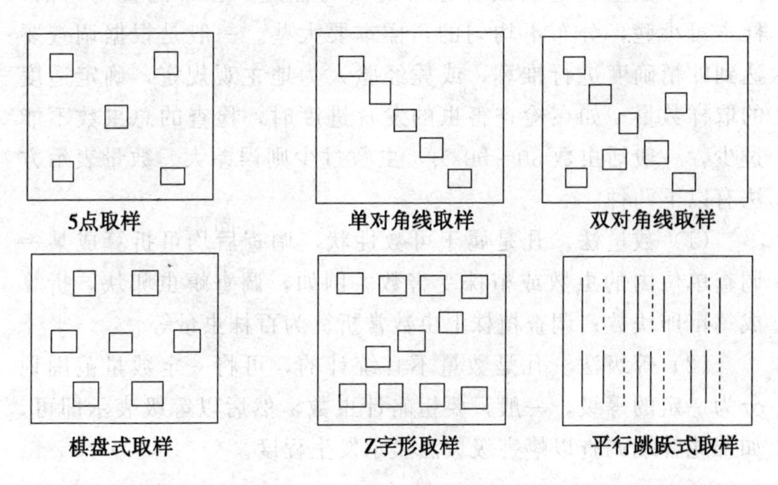

图4-2　几种常用的取样方法

（五）取样的单位

（1）长度。适用于条播作物，通常以“m（米）”为单位，如小麦、谷子。

（2）面积。常用于调查地下害虫，苗期或撒播作物病虫害，常以“m^2（平方米）”为单位。

（3）时间。调查活动性大的害虫，以单位时间内收集或目测到的害虫数表示。

(4) 植株或部分器官。适用于枝干及虫体小、密度大的害虫或全株性病害，计数每株或茎叶、果实等部位上的害虫数或病斑数。

(5) 诱集物单位。如灯光、糖醋盆、性引诱剂等。计数一个单位一定时间内诱到的害虫数量。

(6) 网捕。适用于有飞翔活动的小型昆虫，如大豆食心虫、飞虱等，以一定大小口径捕虫网的扫捕次数为单位（网虫数）。

(六) 取样数量

取样数量决定病虫害分布的均匀程度，分布比较均匀的，样本可小些，分布不均匀的，样本要大些。一般是根据调查要达到的精确度进行推算，或凭经验人为地主观规定，确定适度的取样数量。如在检查害虫的发育进度时，检查的总虫数不能过少，一般活虫数 30～50 头，虫数过少则误差大。数量表示方法有以下两种。

(1) 数量法。凡是属于可数性状，调查后均可折算成某一调查单位内的虫数或植株受害数。例如，调查螟虫卵块，折算成每亩卵块数；调查植株上虫数常折算为百株虫量等。

(2) 等级法。凡是数量不宜统计的，可将一定数量范围划分为一定的等级，一般只要粗略计虫数，然后以等级表示即可，如棉花叶螨调查以螨害级数法表示发生程度。

二、病虫田间调查资料的统计

通过抽样调查，获得大量的资料和数据，必须经过整理、简化、计算和比较分析，才能提供给病虫预测预报使用。一般统计调查数据时，多常用算术法计算平均数。平均数是数据资料的集中性代表值，可以作为一组资料和另一组资料相差比较的代表值。其计算方法可视样本的大小或代表性采用直接计算法和加权计算法。

（一）平均数直接计算法

一般用于小样本资料。若样本含有 n 个观察值为 x_1、x_2、x_3、…，xn，其计算公式为：

$$\overline{X}=\frac{x_1+x_2+\cdots+x_n}{n}=\frac{\sum_{1}^{n}x}{n}$$

式中：$\overline{X}$——算术平均数；

n——组数值的总次数；

$\sum$——累加总和的符号。

如调查某田地下害虫，查得每平方米蛴螬数为 1、3、2、1、0、4、2、0、3、3、2、3 头，求平均每平方米蛴螬头数。

据题：$n=12$

x_1、x_2、x_3、…，$x_n=1$、3、2、…3

代入公式

$$\overline{X}=\frac{1+3+2+\cdots+3}{12}=\frac{24}{12}=2\text{（头）}$$

（二）加权法求平均数

如样本容量大，且观察值 x_2，x_3、…x_n 在整个资料中出现的次数不同。出现次数多的观察值，在资料中占的比重大，对平均数的影响也大；出现次数少的观察值，对平均数的影响也小。因此，对各观察值不能平等处理，必须用权衡轻重的方法——加权法进行计算，即先将各个观察值乘自己的次数（权数，用 f 表示），再经过总和后，除以次数的总和，所得的商为加权平均数。其公式如下：

$$\overline{X}=\frac{f_1x_1+f_2x_2+\cdots+f_nx_n}{f_1+f_2+\cdots+f_n}=\frac{\sum_{1}^{n}fx}{\sum_{1}^{n}f}$$

加权法常用来求一个地区的平均虫口密度或被害率、发育进度等。

如虫口密度的加权平均计算。查得某村 3 种类型稻田的第二代三化螟残留虫口密度：双季早稻田每亩 30 头；早栽中灿稻田每亩 100 头；迟栽中粳田每亩 450 头，求该村第二代三化螟每亩平均残留虫量为多少？

如果用直接法计算残量虫量，则

$$\overline{X}_1=\frac{30+100+450}{3}=\frac{580}{3}=193.3\text{（每亩头数）}$$

但是实际上这三种类型田的面积比重很不相同，双季早稻田为 60×667 平方米；早栽中籼稻 100×667 平方米；而迟栽中粳稻为 10×667 平方米，应当将其各占的比重考虑在内，则用加权法计算该队的平均每亩残留虫量为两种方法计算结果几乎差 6 倍，显然用加权法计算是反映了实际情况。

$$\overline{X}_2=\frac{30\times60+100\times100+450\times10}{170}=95.88\text{（每亩头数）}$$

第三节　病虫草害的预测预报

防治病虫害同敌作战一样，必须掌握敌情，做到胸中有数，才能抓住有利时机，做到主动、及时、准确、经济、有效。病虫害的发生消长都有它的规律性，人们有目的地针对某种病虫的发生情况进行调查研究，然后结合掌握的历史资料、天气预报等，对该病虫的发生趋势加以估计，这一工作叫预测。把预测的结果，通过电话、广播、文字材料等多种形式，通知有关单位做好准备，及时开展防治，这一工作叫预报。所以，病虫害的预测预报是同病虫害做斗争时判断病虫情况、制定防治计划和指导防治的重要依据。预测预报工作的好坏，直接关系到病虫防治的效果，对保证农业丰收具有重大作用。实践证明，搞好病虫测报，就可以做到防在关键上、治在要害处，达到投资用工少、收效大的作用。

一、预测预报的概念

预测预报就是有目的、有计划地对病虫害的发生情况进行详细调查，并通过调查资料的整理分析，结合气象、天敌等多种因素，参考历史资料，对病虫害未来的发生和发展作出科学推断，以便准确及时地采取防治对策。

二、预测预报的内容及种类

（一）病虫测报

病虫测报的内容决定于防治工作的需要，包括 3 个方面。

1. 发生时期的预测

预测病虫为害时期的出现。关键在于掌握好防治的有利时机，确定采取防治措施。病虫发生时期因地制宜，及时是同种病虫、同一地区也常随每年气候条件而有所不同。所以对当地主要病虫进行预测，掌握其始发期（16％～20％）、盛发期（45％～50％）和终止期（80％），抓住有利防治时机，及时指导防治具有重要意义。

2. 发生数量的预测

预测病虫在当地某一阶段可能发生的数量的多少，联系其为害性的大小，确定是否防治的必要性，以及防治规模和力量的部署。预测时还要参考气候、栽培品种、天敌等因素综合分析，注意数量变化的动态，及时采取措施，做到适时防治。

3. 发生趋势的预测

主要是预测病虫分布区域和发生的面积，以便确定防治地段或田块的排队或制定出不同的防治措施，对迁飞性或扩散性的病虫应对其迁飞扩散的方向和发生区域范围进行预测，及时把病虫控制在蔓延之前。

（二）病虫情报

病虫情报种类有预报、警报等。

1. 预报

依时间的长短，一般分为短期、中期和长期 3 类。

（1）短期预测。根据害虫的前一虫态预测后一虫态所发生时间、数量以及为害情况等，准确性高，对化学防治非常重要。离防治适时 10 天内的预报。近期内病虫发生的动态。

（2）中期预测。根据害虫前一世代的发生期，结合气象预报、栽培条件、品种特性等综合分析，预测后一虫态的发生时间、发生数量、为害程度和扩散动向等。对于重点病虫在全面发生期，都应进行中期预测。离防治适期 11～30 天的预测。

（3）长期预测。根据害虫的前一世代来预测后一世代的发生发展趋势，离防治适期 1 个月以上的预测。

一般是属于年度或季节性的预测。通常是在头一年末或当年年初，根据历年病虫害情况积累的资料，参照当年病虫害发生有关的各项因素，如作物品种、环境条件、病虫存在数量以及其他有关地区前一时期病虫发生的情况等，来估计病虫发生的可能性及严重程度，供制定年度防治计划时参考。长期预测由于时间长、地区广，进行起来较复杂，须有较长时间的参考资料和积累较丰富的经验，同时对于病虫发生的规律要有较深刻地了解。

2. 警报

警报属于紧急性质的预报。即当所预测的虫（病）情已达到防治指标时，要立即发出警报，及时组织开展防治工作。

模块五 农田害鼠的综合治理

第一节 农田害鼠的概述

一、农田害鼠与自然生态的关系

早在一百多年以前，达尔文揭开生命之源的奥秘时，即在他的经典著作《物种起源》一书中做过描述“三叶草是靠土蜂传花粉的，而田鼠为吃蜜常偷袭毁坏蜂巢，而猫吃田鼠，田鼠少了，土蜂却因此多了，三叶草就获得了丰收”。这样似乎风马牛不相干的三叶草和猫之间，加上土蜂和田鼠两个环节，就连成一根食物链。

二、农田害鼠的种类及发生规律

(一) 鼠种及形态特征

1. 鼠种

淮北地区有 6 个鼠种，分别属仓鼠科和鼠科。仓鼠科有大仓鼠、黑线仓鼠（又名小仓鼠）、黑线姬鼠 3 个鼠种；鼠科有褐家鼠、黄胸鼠、小家鼠 3 个鼠种。农田害鼠以黑线姬鼠为优势鼠种，大仓鼠和黑线仓鼠为普通鼠种。通过调查解剖的 1 694 只老鼠看，其中，黑线姬鼠占 64.7%，大仓鼠占 16.8%，黑线仓鼠占 18.5%。住宅室内的鼠种主要是褐家鼠、黄胸鼠和小家鼠 3 种，通过室内捕获的 1 390 只老鼠统计，3 种家鼠分别占 61.4%、23.8%和 12.1%，黑线姬鼠仅占 2.7%。

2. 形态特征

（1）黑线姬鼠。体长66～117毫米，体重12～41克，背毛棕褐色或红棕色，背部中央有一黑色线，尾巴长约为体长的3/4。

（2）大仓鼠。体长66～117毫米，体重30～140克，背毛深灰色，耳短而圆，毛基灰黑，腹毛灰白色，头圆钝，尾较短，不到体长的1/2。

（3）黑线仓鼠（小仓鼠）。体长60～120毫米，体重18～40克，背毛灰褐色或黄褐色，毛基黑灰色，背部中央有一条黑色条纹。尾短，不及体长的1/3。

（4）褐家鼠。体长130～220毫米，体重29～130克，背毛黄褐色，毛基深灰色，杂有黑色长毛，腹毛灰白色，毛基深灰色。尾毛稀少，尾长不及体长。

（5）黄胸鼠。体长120～210毫米，体重25～120克。体形与褐家鼠相似，但较纤细。尾较细长，明显长于体长，背毛黄褐色，腹毛棕黄色。

（6）小家鼠。体长70～80毫米，体重11～22克，体形较小，尾短于体长，约为体长的4/5，吻部尖细，背毛黄褐色，腹毛灰白色。

（二）害鼠的生活习性及洞穴构造

1. 黑线姬鼠

喜居于向阳、潮湿、近水地方。多在田埂、沟沿、水渠堤上打洞，还喜欢在杂草丛生或田头柴草垛中栖息。洞穴十分简单，一般有2～3个洞口，洞道不深，不长，洞道多倾斜入土，总长度2～3米，分2～4个叉，洞内通常有一个圆形的巢穴，巢穴的容积只有10立方厘米。窝内有少许干草，冬季亦有少许存粮。

2. 大仓鼠

大仓鼠喜欢居住土质疏松而干燥、离水源较远的农田或菜园。雌、雄多分居，常独居生活。大仓鼠的洞型较复杂，洞内有仓库、巢室、厕所。分明、暗两种洞口，暗洞口上有浮土堵塞，如有新鲜浮土即可断定洞内有鼠。每个鼠洞有 3～5 个洞口，直径 4～5 厘米。洞口近圆形，道深而长，洞道垂直向下 25～40 厘米后，转为和地面近乎平行的洞道，并和支道相通，在洞系中央或支道尽头有穴室 2～3 个。洞道总长度在 300 厘米左右，最长可达 700 厘米以上，深度为 35～50 厘米，最深可达 80 厘米。

大仓鼠在作物收获季节贮粮较多，一般每个洞系贮粮 0.4～1.2 千克，贮粮以作物种子和草籽为主。

3. 黑线仓鼠

喜栖息于平原耕地的沙壤土质。黑线仓鼠洞穴形式不一，大体可分为贮粮洞、居住洞、长居洞 3 种类型。贮粮洞结构较简单，一般是一个深 40 厘米左右的洞道，末端有一个 8～20 厘米的膨大部分。洞口一个，直径 3～4.5 厘米，外表有松土，一般不堵塞洞口，穴中无鼠巢，也无鼠居住，仅做临时储存粮食或建巢材料的库房，此种洞一般贮粮 0.5～1 千克。居住洞结构较临时洞复杂，是居住和产仔的场所。每洞有洞口 1～3 个，有鼠居住的口径大，并常有松土堵塞。长居洞最复杂，是在居住洞的基础上进一步挖掘而成的，一般均有鼠居住，其洞隐蔽而堵塞，洞道较长，一般在 200 厘米以上。

（三）害鼠的种群变动及消长规律

1. 雌、雄比例

通过多年调查，农田害鼠（黑线姬鼠、大仓鼠、黑线仓鼠）的雌、雄比例基本接近 1∶1，雄鼠数量略多。

2. 个体繁殖情况

不同的鼠种繁殖的时间、每胎的怀仔数不同，每年 3—8 月是淮北农田害鼠的繁殖季节，5 月和 8 月分别是繁殖的高峰期。

每胎的怀仔数，以大仓鼠最多，一般每胎 7～8 只；黑线姬鼠一般每胎 5～7 只，最多 9 只。

3. 种群消长规律

淮北农田害鼠的田间密度，以当年 12 月至翌年 3 月最低。4、5 月害鼠进入繁殖季节，活动频繁，捕获率较高。而当年 7—9 月密度虽高，但夹扑鼠数并不多，这是因为大田作物陆续成熟、食料丰富的原因。

冬季和初春田间害鼠密度小，主要原因：一是冬季和初春田间植被少，不利于害鼠的躲藏而有利于人类的扑杀和自然天敌的扑食；二是农田害鼠进入冬季以后即停止繁殖；三是越冬期间鼠类个体受寒冷的袭击，食料的欠缺及疫病等的威胁，使个体不断死亡减少，引起种群数量直线下降，直到翌年春季繁殖期，种群数量才开始回升。

秋季 7—9 月田间害鼠密度高，因为害鼠经过 3 个月的繁殖，种群数量已达到相当高的程度。此时，田间的秋季作物已进入生长的中后期，部分作物接近成熟，食料丰富，田间隐蔽，鼠洞不易暴露，有利于害鼠消长繁殖。

第二节　农田害鼠的综合治理

一、综合治理原则

农田害鼠综合治理的原则就是“防患于未然”。在鼠害发生之前，协调各种措施，注意综合治理。因为鼠害一旦发生，任何灭鼠措施都不可能防止或挽回鼠害对农作物所造成的损失。而且害鼠一旦啃食生长在田里的庄稼，所用的毒饵也就失去了引诱力，起不到预期的效果，而且鼠类的种群密度是随田里的庄稼生长成熟而波动的。冬、春季是一年里鼠类种群数量最少的时期，夏、秋季又是鼠类繁殖高峰的季节。一般种群密度高峰都与田里的庄稼成熟收获季节相吻合。所以冬春季节灭鼠效果高于夏秋季节。制订防治措施应从害鼠这一发生规律和“防患于未然”的原则考虑。综合治理，就是防治措施应考虑多方面因素，互相协调，要从维护农业生态环境的稳定出发，既要考虑到长期影响，又要考虑到当前的经济效益，还要无害于生态系统的动态平衡。

二、综合治理措施

综合治理的措施，可以从以下几方面考虑。

1. 迅速增加森林覆盖率，保护和增殖天敌动物资源

此项措施是从维护生态平衡，加强自然界本身控制鼠害数量的能力。森林不仅是天敌动物的隐蔽场所，而且还能调节气候、涵养水源，消除污染，为农业稳定高产提供可靠保证。

2. 加强防鼠措施，破坏和减少鼠类栖息场所，进行生态灭鼠不论城市或农村，住房都应注意防鼠设备的设置，尽量采用砖石结构和水泥地面，门窗要严，家具要摆放整齐并经常打扫挪动。家庭的贮粮、饲料和吃食都要保管好。

3. 因围湖造田和毁林造田而造成鼠类滋生成灾的地区，要退田还湖或退田还林

4. 推广使用无二次中毒的高效低毒杀鼠剂

推广使用无二次中毒的高效低毒杀鼠剂，可以迅速缓和鼠情，如选用杀鼠灵、敌鼠钠盐、大隆、氯鼠酮、溴敌隆等鼠药。

5. 实行灭鼠责任制，充分发动群众

采用药物灭鼠要有专业技术力量，又要发动群众，才能做到大面积同时进行，取得好的灭鼠效果。

搞好鼠情测报，做到有的放矢，避免盲目发动群众开展灭鼠运动。搞好宣传，需要各级领导重视，调动各方面力量，通力协作是提高灭鼠效果，保证灭鼠成果的重要保证。

模块六　植保机械的使用和维护技术

植保机械是指用于保护作物和农产品免受病、虫、鸟、兽和杂草等为害的机械，通常是指用化学方法防治植物病虫害的各种喷施农药的机械，也包括用化学或物理方法除草和用物理方法防治病虫害、驱赶鸟兽所用的机械和设备等。植保机械的种类很多，由于农药的剂型、作物种类和防治对象的多样性，农药的施用方法是不同的，这就决定了植保机械也是多种多样的。

第一节　概　述

一、植保机械的功用

目前，使用的植保机械，其功用早已超出了防治病虫害的范围，它的功用表现在以下诸多方面。

（1）喷施杀虫剂、杀菌剂用以防治植物虫害、病害。

（2）喷施化学除草剂用以防治杂草。

（3）喷施病原体及细菌等生物制剂用以防治植物病虫害。

（4）喷施液体肥料进行叶面追肥。

（5）喷施生长调节剂、花果减疏剂促进果实的正常生长与成熟。

（6）撒布人工培养的天敌昆虫进行植物病虫害的生物防治。

（7）对病、虫、草、兽、鸟等施以射线、光波、电磁波、超声波、高压电以及火焰、声响等物理能量，达到控制、驱赶或灭除的目的。

（8）对植物种子进行药剂消毒及包衣处理，用以防治播种后的病虫害。

（9）喷施落叶剂或将作物进行适当处理以便于机械收获。

（10）将农药施于翻整过的地面或注入地下，进行土壤消毒用以防治杂草及地下害虫。

二、主要机型结构特点及用途

喷雾是利用专门的装置把溶于水或油的化学药剂、不溶性材料的悬浮液，各种油类以及油与水的混合乳剂等分散成为细小的液滴，均匀地散布在植物体或防治对象表面达到防治目的，是应用最广泛的一种施药方法。

在农作物的病虫害防治工作中，喷雾器适用于水稻、棉花、小麦、蔬菜、茶、烟、麻等多种农作物的病虫害防治；也适用于农村、城市的公共场所、医院等部门的卫生防疫。

喷雾机的功能是使药液雾化成细小的雾滴，并使之喷洒在农作物的茎叶上。田间作业时对喷雾机的要求是：雾滴大小适宜、分布均匀、能达到被喷目标需要药物的部位，雾滴浓度一致、机器部件不易被药物腐蚀、有良好的人身安全防护装置。喷雾机按药液喷出的原理分为液体压力式喷雾机、离心式喷雾机、风送式喷雾机和静电式喷雾机等。此外，如按单位面积施药液量的大小来分，可以分为高容量、中容量、低容量和超低量喷雾机等。

第二节　手动喷雾器

一、手动喷雾器的结构

以工农－16 型手动喷雾器为例进行介绍，其结构组成见

图 6-1。典型手动喷雾器的液泵为往复式活塞泵，装在药液箱内，由泵盖、泵筒、活塞杆、皮碗、进水球阀、出水球阀和吸水滤网等组成，空气室位于药箱外。喷射部件由胶管、直通开关（截流阀）、套管、喷管和空心圆锥雾喷头等组成。工作时，操作者左手摇动压杆，右手握住手柄套管，即可进行喷雾作业。

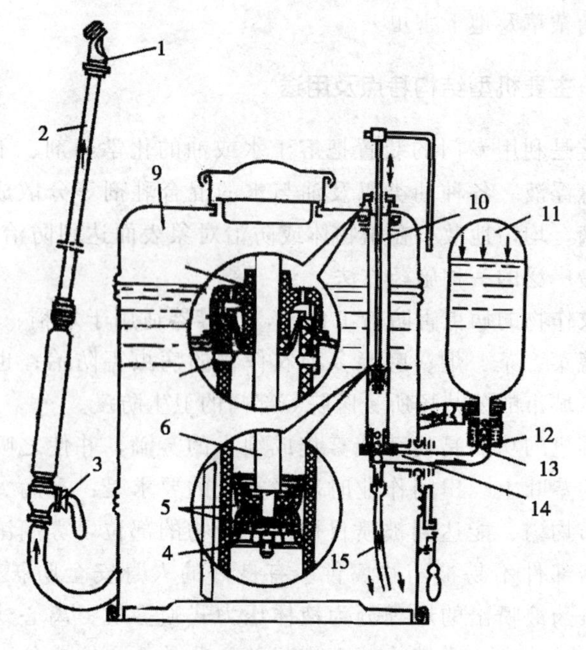

1. 喷头 2. 喷杆 3. 开关 4. 螺母 5. 皮碗
6. 活塞杆 7. 毡圈 8. 泵盖 9. 药液箱 10. 泵筒
11. 空气室 12. 出水球阀 13. 出水阀座 14. 吸水球阀 15. 吸水管

图 6-1 工农-16 型手动喷雾器结构

当摇动压杆时，连杆带动活塞杆和皮碗，在泵筒内做上下运动，当活塞杆和皮碗上行时，出水球阀关闭，泵筒内皮碗下方的容积增大，形成真空，药液箱内的药液在大气压力的作用下，经吸水滤网，冲开进水球阀；涌入泵筒中。当压杆通过杆件带动活塞杆和皮碗下行时，进水球阀被关闭，泵筒内皮碗下方容积减少，压力增大，所储存的药液即冲开出水球阀，进入空气室。由于活塞杆带动皮碗不断地上下运动，使气室内的药液不断增加，空气室内空气被压缩，从而产生了一定的压力，这时如打开截流阀，气室内的药液在压力作用下，通过出水接头，压向胶管，流入喷管、喷头体的涡流室，经喷孔呈雾状喷出。

NS－16 型手动喷雾器是根据国外先进技术研制的喷雾器代表产品之一，同类型的产品还有 NS－20、NS－20B、3 WS－16 等多种产品，它们与工农－16 型喷雾器的工作原理完全相同。这类喷洒机有如下特点：采用大排量活塞泵，稳压性能突出，操作轻便、省力，摇动次数少，升压快；除了配备我国已普遍采用的切向离心式空心圆锥雾喷头外，还配备了扇形雾喷头（即狭缝喷头）以及可调雾喷头，并配备了 T 形双喷头侧喷杆、U 形双喷头喷杆、T 形双喷头直喷杆以及 T 形四喷头直喷杆，供用户选择使用，以适合不同的施药对象及不同的行间距之需；采用膜片式揿压截流阀，不易渗漏，操作灵活，可连续喷洒，也可以点喷，针对性强，可节省农药。

二、施药前的准备工作

1. 气象条件

通过改变喷片孔径大小，手动喷雾器既可作常量喷雾，也可作低容量喷雾。进行低量喷雾时，风速应在 1～2 米/秒；进行常量喷雾时，风速应小于 3 米/秒，当风速大于 4 米/秒时不可进行农药喷洒作业。降雨时和气温超过 32℃时也不允许喷洒农药。

2. 机具的调整

（1）背负式喷雾器装约前，应在喷雾器皮碗及摇杆转轴处，气室内置的喷雾器应在滑套及活塞处涂上适量的润滑油。

(2) 压缩喷雾器使用前应检查并保证安全阀的阀芯运动灵活，排气孔畅通。

(3) 根据操作者身材，调节好背带长度。

(4) 药箱内装上适量清水并以10～25次/分钟的频率摇动摇杆，检查各密封处有无渗漏现象；喷头处雾型是否正常。

(5) 根据不同的作业要求，选择合适的喷射部件。

喷头选择：喷除草剂、植物生长调节剂使用扇形雾喷头；喷杀虫剂、杀菌剂应用空心圆锥雾喷头。

单喷头：适用于作物生长前期或中后期进行各种定向针对性喷雾、飘移性喷雾。

双喷头：适用于作物中后期株顶定向喷雾。

横杆式三喷头、四喷头：适用于蔬菜、花卉及水、旱田进行株顶定向喷雾。

三、施药中的技术规范

(1) 作业前先按操作规程配制好农药。向药箱内加注药液前，一定要将开关关闭，以免药液漏出，加注药液要用滤网过滤。药液不要超过桶壁上所示水位线位置。加注药液后，必须盖紧桶盖，以免作业时药液漏出。

(2) 背负式喷雾器作业时，应先压动摇杆数次，使气室内的气压达到工作压力后再打开开关，边走边打气喷雾。如压动摇杆感到沉重，就不能过分用力，以免气室爆炸。对于工农－16型喷雾器，一般走2～3步摇杆上下压动一次；每分钟压动摇杆18～25次即可。

(3) 作业时，空气室中的药液超过安全水位时，应立即停止压动摇杆，以免气室爆裂。

(4) 压缩喷雾器作业时，加药液不能超过规定的水位线，保证有足够的空间储存压缩空气。以便使喷雾压力稳定、均匀。

(5) 没有安全阀的压缩喷雾器，一定要按产品使用说明书上规定的打气次数打气（一般30～40次），禁止加长杠杆打气和两人合力打气，以免药液桶超压爆裂。压缩喷雾器使用过程中，药液压力会不断下降，当喷头雾化质量下降时，要暂停喷雾，重新打气充压，以保证良好的雾化质量。

（6）针对不同的作物，病虫草害和农药选用正确的施药方法。

①土壤处理喷洒除草剂施药质量要求。易于飘失的小雾滴要少，避免除草剂雾滴飘移引起的作物药害；药剂在田间沉积分布均匀，保证防治效果，避免局部地区药量过大造成的除草剂药害。因此，除草剂应采用扇形雾喷头，操作时喷头离地高度、行走速度和路线应保持一致；也可用安装二喷头、三喷头的小喷杆喷雾。

如用空心圆锥雾喷头，操作者摆动喷杆喷洒除草剂，喷头在喷幅内呈“Z”字形运动，药剂沉积分布不均匀。试验测定，若施药量大，操作者行走速度慢，药剂沉积分布变异系数就小。因此，这时要求施药量为600升/公顷。

②当用手动喷雾器喷雾防治作物病虫害时，最好选用小喷片，切不可用钉子人为把喷头冲大。这是因为小喷片喷头产生的农药雾滴较粗大喷片的雾滴细，对病虫害防治效果好。

③使用手动喷雾器喷洒触杀性杀虫剂防治栖息在作物叶背的害虫（如棉花苗蚜），应把喷头朝上，采用叶背定向喷雾法喷雾。

④使用喷雾器喷洒保护性杀菌剂，应在植物未被病原菌侵染前或侵染初期施药，要求雾滴在作物靶标上沉积分布均匀，并有一定的雾滴覆盖密度。

⑤使用手动喷雾器行间喷洒除草剂时，一定要配置喷头防护罩，防止雾滴飘移造成的邻近作物药害；喷洒时喷头高度保持一致，力求药剂沉积分布均匀，不得重喷和漏喷。

⑥几架药械同时喷洒时，应采用梯形前进，下风侧的人先

喷，以免人体接触药液。

第三节　背负式机动喷雾喷粉机

用户在购机后，首先应认真阅读产品使用说明书，熟悉背负式喷雾喷粉机的结构和工作原理，使用时应严格按产品使用说明书中规定的操作步骤、方法进行。有条件的应参加生产厂或植保站等单位举办的用户培训班。该机使用方法简述如下。

一、起动前的准备

检查各部件安装是否正确、牢固；新机器或封存的机器首先排除缸体内封存的机油：卸下火花塞，用左手拇指稍堵住火花塞孔，然后用起动绳拉几次，将多余油喷出；将连接高压线的火花塞与缸体外部接触；用起动绳拉动起动轮，检查火花塞跳火情况，一般蓝火花为正常。

二、起动

（1）加燃油本机采用的是单缸二冲程汽油机，烧的是混合油，即机油和汽油的混合油。汽油为66～70号，机油为6～10号。汽油与机油的混合比为（15∶1）～（20∶1）（容积比）。或用二冲程专用机油，汽油与机油的混合比为（35∶1）～（40∶1）。汽油、机油均应为未污染过的清洁油，并严格按上述比例配制。配制后要晃均匀，经加油口过滤网倒入油箱。

（2）开燃油阀开启油门，将油门操纵手柄往上提1/3～1/2位置。

（3）揿加油杆至出油为止。

（4）调整阻风门关闭2/3，热机起动可位于全开位置。

（5）拉起动绳起动起动后将阻风门全部打开，同时，调整油门使汽油机低速运转3～5分钟。

若汽油机起动不了或运转不正常，应分别检查电路和油路。简单调整检查方法是：调整断电器间隙在0.2～0.3毫米；调整火花塞电极间隙在0.6～0.7毫米，火花塞电极间有积炭应及时清理；按汽油机使用说明书调整点火提前角；油路应畅通。

三、喷洒作业

(1) 喷雾作业方法全机具应处于喷雾作业状态，先用清水试喷，检查各处有无渗漏。然后根据农艺要求及农药使用说明书配比药液。药液经滤网加入药箱，盖紧药箱盖。

机具起动，低速运转。背机上身，调整油门开关使汽油机稳定在额定转速左右。然后开启手把开关。

喷药液时应注意：开关开启后，严禁停留在一处喷洒，以防引起药害；调节行进速度或流量控制开关（部分机具有该功能开关）控制单位面积喷量。

因弥雾雾粒细、浓度高，应以单位面积喷量为准，且行进速度一致，均匀喷洒，谨防对植物产生药害。

(2) 喷粉作业方法机具处于喷粉工作状态。关好粉门与风门。所喷粉剂应干燥，不得有杂物或结块现象。加粉后盖紧药箱盖。

机具起动低速运转，打开风门，背机上身。调整油门开关使汽油机稳定在额定转速左右。然后调整粉门操纵手柄进行喷撒。

四、停止运转

先将粉门或药液开关关闭。然后减小油门使汽油机低速运转，3～5分钟后关闭油门，关闭燃油阀。

使用过程中应注意操作安全，注意防毒、防火、防机器事故发生。避免顶风作业，操作时应配戴口罩，一人操作时间不宜过长。

第四节　担架式机动喷雾机

一、担架式机动喷雾机的组成

担架式机动喷雾机是喷射式机动喷雾机的主要机型，具有工作压力高、喷雾幅宽、工作效率高、劳动强度低等优点，是一种主要用于水稻大、中、小不同田块病虫害防治的机具，也可用于供水方便的大田作物、果园和园林病虫害防治。下面以高效宽幅远射程机动喷雾机系列机型为例对该类机具进行介绍。

二、使用方法

启动动力机，由动力带动液泵工作，产生的高压水流经调压阀调节出水压力后由宽幅远射程喷射部件雾化喷出，形成所需高压宽幅均匀雾流。该机主要部件由机架（担架式或框架式）、动力机（汽油机、柴油机或拖拉机等）、液泵（活塞泵、柱塞泵或活塞隔膜泵）、压力表、调压卸荷部件、传动部件、吸水部件和喷洒部件（宽幅远射程喷枪）等组成，有的还配用了混药器、过滤器和卷管架，见图 6－2。

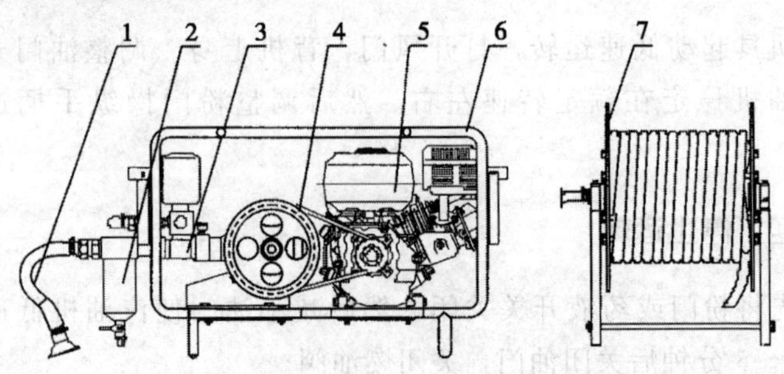

1. 吸水部件 2. 过滤器 3. 三缸柱塞泵
4. 传动装置 5. 汽油机 6. 机架 7. 卷管架

图 6－2　框架式高效宽幅远射程机动喷雾机

第五节　喷杆式机动喷雾机

一、工作原理

喷杆式喷雾机是一种将喷头装在横向喷杆或竖喷杆上的机动喷雾机。该类喷雾机作业效率高，喷洒质量好，喷液量分布均匀，适合于大面积喷洒各种农药、肥料和植物生长调节剂等的液态制剂，广泛用于大田作物、球场草坪管理及某些特定的场合（如机场融雪、公路除草和苗圃灌溉等）。

用于水稻大面积病虫害防治作业的一般是悬挂式喷杆喷雾机，喷杆部件通过拖拉机三点悬挂装置与拖拉机相连接，液泵由拖拉机动力输出轴驱动，药箱容积一般为200～800升，喷杆水平配置，喷头直接装在喷杆下面，这是最常用的一种机型。喷杆长度不等，喷幅一般为8米、12米、24米等规格，并安装有水田专用行走轮，以适应水稻田特殊的工作条件。

喷杆式喷雾机的种类众多，但其构造和原理基本相同。

二、使用方法

工作时，由拖拉机的动力输出轴驱动液泵转动，液泵从药箱吸取药液，以一定的压力排出，经过过滤器后输送给调压分配阀和搅拌装置；再由调压分配阀供给各路喷头，药液通过喷杆上的喷头形成雾状后喷出。调压阀用于控制喷杆喷头的工作压力，当压力高时，药液通过旁通管路返回药液箱。如果需要进行搅拌，可以打开搅拌控制阀门，让一部分药液经过液力搅拌器，返回药液箱，起搅拌作用，保证农药与稀释液均匀混合。药泵和喷头是喷雾装置中对喷雾质量最有影响的零（部）件。药泵能够提供足够的喷雾压力和流量，以保证喷雾质量的基本要求。在此基础上，对不同喷雾指标的满足程度则主要取决于喷头类型和工作参数的选择。

模块七　农药安全使用技术

第一节　农药的种类与选择

一、农药的种类

农药是防治植物病虫害的化学药剂，根据不同的防治对象，可以将农药分为杀虫剂、杀螨剂、杀菌剂、杀线虫剂、除草剂、杀鼠剂。下面简要介绍目前农业生产上使用的农药品种。

(一) 杀虫剂

1. 有机磷杀虫剂

其特点是药效高、杀虫谱广，具有多种杀虫方式，如胃毒、触杀及内吸作用等。速效性好，一般几小时后就开始见效，残效期较短，对环境污染小，在生物体内易降解为无毒物质。缺点是有些品种毒性较大，易造成人、畜中毒，遇碱容易分解失效。

敌百虫。低毒低残留广谱性杀虫剂，有强烈的胃毒作用，兼有触杀作用。常见剂型为90%晶体，可防治咀嚼式口器害虫及卫生害虫。注意敌百虫对高粱、玉米、瓜类、豆类易产生药害，不宜使用。

敌敌畏（DDVP）。高毒低残留广谱性杀虫、杀螨剂，有胃毒、触杀、熏蒸作用。常见为50%、80%乳油，遇碱易分解。对高粱、玉米、瓜类、豆类易产生药害。

氧化乐果。高毒低残留广谱性杀虫、杀螨剂，有胃毒、触杀、内吸作用。常见为40%乳油，对刺吸式口器昆虫（蚜虫、螨、叶蝉、蓟马等）防治效果好。氧化乐果对蜜蜂、鱼高毒，对牛羊的毒性大。

乙酰甲胺磷。低毒低残留广谱性杀虫、杀螨剂，有胃毒、触杀、内吸作用。常见为30%、40%乳油。

辛硫磷。低毒低残留广谱性杀虫剂。有胃毒、触杀作用，对鳞翅目幼虫防治效果好。辛硫磷易光解为无毒化合物，一般常用于蔬菜、茶叶、仓库、土壤中防治害虫。

2. 基甲酸酯类杀虫剂

此类杀虫剂的杀虫范围不如有机磷和拟除虫菊酯广，但对蝉、飞虱、部分鳞翅目的幼虫和一些对有机磷农药产生抗性的害虫有高效。对螨类、蚧类的毒力很低。多数品种有胃毒和触杀作用，有的还有内吸传导作用。残效期较长。

克百威（呋喃丹）。剧毒、广谱性杀虫、杀线虫剂，有触杀、胃毒、内吸作用。对人、畜、鱼类均为剧毒。一般为3%颗粒剂在土壤使用，可防治地下害虫及线虫。目前，已禁止生产与使用。

抗蚜威。又称辟蚜雾，是对蚜虫有特效的选择性杀虫剂，以触杀、内吸杀虫为主，中等毒性，对蚜虫的天敌（如瓢虫、草蛉）安全，常见为50%可湿性粉剂、50%可分散性粒剂，适合在养蜂区使用。

杀虫双。中等毒广谱性杀虫剂，有触杀、胃毒、内吸作用，可防治大部分害虫，尤其适合防治螟虫。常见为20%水剂、3%颗粒剂。目前，已禁用或限制使用。

3. 拟除虫菊酯类杀虫剂

20世纪70年代以来仿照天然除虫菊素化学结构，由人工合成的一类杀虫剂。高效、低毒，有强烈的触杀和胃毒作用，无内吸作用。对害虫击倒速度快，杀虫谱广，尤其是对多种鳞翅目害虫表现特效。遇碱易分解，对蜜蜂、鱼类、家蚕毒性较高。

氰戊菊酯（速灭杀丁、杀灭菊酯），一般为20%乳油。

溴氰菊酯（敌杀死），一般为2.5%乳油。

三氟氯氰菊酯（功夫），一般为2.5%乳油。

S-氰戊菊酯（来福灵、顺式氰戊菊酯），一般为5%乳油。

这4种菊酯杀螨效果均不太理想，另外，甲氰菊酯（灭扫利）、联苯菊酯（天王星）有杀螨作用。胺菊酯常用于蚊香，右旋丙烯菊酯常用于电热灭蚊药片。

4. 熏蒸杀虫剂

磷化铝。剧毒，与水反应后放出剧毒的磷化氢气体，常见为3克重的片剂。一般每立方米使用3～5片。

溴甲烷。剧毒，多用于植物检疫上。

5. 特异性杀虫剂

噻嗪酮又称优乐得、扑虱灵，以触杀作用为主，兼具胃毒作用。可用于水稻、蔬菜、茶、果树等作物，防治同翅目的飞虱、叶蝉、粉虱及介壳虫类害虫，有良好的防治效果。常见为25%可湿性粉剂。

灭幼脲一号。是昆虫表皮几丁质合成抑制剂，阻碍新表皮形成，所以昆虫幼虫皆死于蜕皮障碍，对鳞翅目幼虫有特效（但对棉铃虫无效）。对人、畜毒性低，对天敌昆虫、蜜蜂安全。但对蚕有剧毒，蚕区应慎用。现有剂型为25%可湿性粉剂、20%浓悬浮剂。

氟啶脲（定虫隆、抑太保）。与除虫脲基本相同，但可防治棉铃虫、棉红铃虫，施药适期应在低龄幼虫期。现有剂型为5%乳油。

6. 阿维菌素类杀虫剂

阿维菌素具有胃毒和触杀作用，能渗入植物薄壁组织内，并有传导作用，持效期长达10～15天，对螨类可达1个月，不易产生抗药性，防治对其他农药产生抗药性的害虫，仍有高效。

对人、畜、作物安全。对天敌影响小，不污染环境。是一种高效、广谱的抗生素类无公害生物农药。

制剂主要有阿维菌素1.8%乳油、阿维菌素（爱福丁）1.8%乳油、灭虫灵1%乳油、虫螨克1.8%乳油，可用于防治为害大田作物、棉花、蔬菜、茶、果树、花卉等的多种害虫，尤其是鳞翅目、双翅目、同翅目、鞘翅目及螨类等。

(二) 杀螨剂

(1) 炔螨特（克螨特）。是应用较早且目前仍经常使用的理想杀螨剂，对成螨、若螨均有良好效果，但对螨卵无效。常见为73%乳油。

(2) 双甲脒（螨克）。中等毒性，有触杀、拒食、驱避作用，也有一定的胃毒、熏蒸和内吸作用。杀螨谱广，对叶螨各发育阶段都有效，但对越冬的卵效果差。在气温低于25℃时使用，药效发挥较慢，效果差，高温、晴天使用效果高。常见为20%乳油。

(3) 噻螨酮（尼索朗）。低毒，触杀作用强，对多种叶螨的幼螨、若螨和卵有很好的效果，对成螨效果差，主要用于越冬期防治。常见为5%乳油。

(4) 哒螨酮。又称灭螨灵、哒螨净、牵牛星、速螨酮，是一种新型速效、广谱杀螨剂，具有触杀作用，无内吸传导作用。中等毒性。对叶螨有特效，对锈螨、瘿螨和跗线螨也有良好防效，对螨的各个发育阶段都有效。速效性好，持效期长，对天敌和作物表现安全。常见为20%可湿性粉剂、15%乳油。

(三) 杀菌剂

1. 无机杀菌剂

(1) 波尔多液。是一种广谱无机保护性杀菌剂，是由硫酸铜和石灰水混合而成的一种天蓝色胶状悬浮液。其有效成分是碱式硫酸铜，残效期长，一般可达15天左右。本品对人、畜低毒，但对蚕的毒性大。波尔多液必须现配现用，配制时最好将稀硫酸铜液倒入浓石灰水中。根据不同作物而选择不同配比量。如白菜对硫酸铜敏感，配制时应加大生石灰量和水量；瓜类对石灰敏感，配制时应适当减少石灰的用量，尤其是苗期不宜使用波尔多液，以免发生药害。注意配制时不要使用铁桶。

（2）石硫合剂。是石灰、硫黄加水煮制而成。配制成的母液呈透明琉璃色，有较浓的臭鸡蛋味，呈碱性。其有效成分是多硫化钙。配合最佳比例为生石灰1份、硫黄1.5份、水13份。石硫合剂有杀虫、杀螨、杀菌作用，在北方冬季用3～5波美度，而南方用1波美度。在生长期一般用0.2～0.5波美度的稀释液。

2. 有机杀菌剂

（1）代森锌。低毒广谱保护性杀菌剂。纯品为白色粉末，工业品为淡黄色粉末，带有臭鸡蛋味，常见为80%可湿性粉剂，一般用500～800倍液喷雾。

（2）百菌清。低毒广谱性杀菌剂，具有保护作用。对皮肤和黏膜有刺激性，常见为75%可湿性粉剂、10%烟雾片药剂。

（3）植病灵。主要成分为三十烷醇＋硫酸铜＋十二烷基硫酸钠，含有生长调节剂、脱病毒物质、杀菌剂和助剂。它通过调节作物的生理功能，达到防治病毒病的目的。常见为1.5%乳剂。使用本品以预防为主，在发病前期或初期喷雾。

（4）三乙膦酸铝。又称疫霜灵、乙膦铝，是优良的内吸性药剂，残效期较长，兼治疗和保护作用。对人畜微毒，对蜜蜂和鱼类均属低毒。对植物安全。遇碱易分解。常见为40%、80%可湿性粉剂。一般用500～800倍液喷雾，对疫病、霜霉病有良好防治效果。

（5）多菌灵。是一种高效、低毒、广谱性内吸杀菌剂，对很多病害有良好的防治效果，但对细菌性病害和疫病、霜霉病无效，常见为50%可湿性粉剂、40%胶悬剂，一般用500～

1 000倍液喷雾。

(6) 甲基硫菌灵（甲基托布津）。其特点和多菌灵基本一样。

(7) 敌磺钠（敌克松）。广谱性杀菌剂，对人、畜毒性较高，对各类作物幼苗期根病有较好防效。常见为70%可湿性粉剂，多用于拌种。

(8) 三唑酮（粉锈宁）。是低毒高效杀菌剂。内吸性很强，有保护、治疗和铲除作用，对各类作物的白粉病、锈病、黑穗病防治效果显著，常见为20%乳油、25%可湿性粉剂，可喷雾或拌种。

(9) 甲霜灵。又称瑞毒霉、甲霜安、雷多米尔，是低毒内吸传导型杀菌剂。具保护和治疗作用，对鞭毛菌亚门真菌防治有特效。常见为25%可湿性粉剂、35%拌种剂，喷雾用25%可湿性粉剂 500～800 倍液。

(10) 腐霉利。又称速克灵，是低毒内吸性杀菌剂。具有预防和治疗作用。遇碱易分解。可用50%可湿性粉剂1 000～2 000倍液喷雾，防治菌核病、灰霉病、褐腐病。

(11) 噻菌灵（特克多）。是低毒广谱的内吸杀菌剂，兼有预防和治疗作用。主要用于防治多种作物病害和收获后果蔬贮藏期病害，常见为45%浓悬浮剂。

(12) 稻瘟灵（富士一号）。是低毒内吸性杀菌剂，主要用于稻瘟病的防治。常见为41%乳油，600～800 倍液喷雾。

3. 农用抗生素类杀菌剂

(1) 井冈霉素。是内吸性杀菌剂，毒性非常低，防治纹枯病的特效药。常见为1%水剂，一般在田间使用 40～50 毫克/升即可。

(2) 农用链霉素。低毒，有内吸治疗作用，防治各种细菌性病害，如白菜软腐病、霜霉病、细菌性角斑病、斑点病、溃疡病等效果好。

(3) 乙蒜素(抗菌剂402)。是一种低毒、广谱、高效、低残留农用抗菌剂,对植物生长有刺激作用。常见为80%乳油,主要用作种子处理剂。注意不可与碱性药剂混用。

(四) 杀线虫剂

(1) 棉隆(垄鑫)。低毒广谱性杀线虫剂,能兼治土壤中病原真菌、地下害虫及杂草,遇酸易分解。常见为80%可湿性粉剂,一般做土壤处理,注意施用时严禁药剂接触植物,以免发生药害。

(2) 威百亩。又称维巴姆,是一种土壤消毒剂,可防治线虫,同时也具有杀真菌、杂草、害虫的效果,具有熏蒸作用。常见为30%、33%液剂,用于播种前土壤处理。注意本品遇酸和金属盐易分解,必须待药剂全部分解后才能播种、移栽。

(五) 除草剂

(1) 草甘膦。商品名农达、农得乐、镇草宁等,低毒内吸型广谱灭生性除草剂,主要通过杂草茎叶吸收而传导整个植株,对多年生深根杂草破坏能力很强。在土中迅速分解,无残留作用。常见为10%水剂、41%铵盐剂,用于收获后播前或播种后出苗前喷雾处理杂草茎叶。一般每亩用10%水剂1 000毫升对水喷雾。

(2) 百草枯。商品名克芜踪、对草快、百朵,是高毒触杀型广谱灭生性除草剂。和草甘膦一样在土中迅速分解,无残留作用。常见为20%水剂,适用于防治果园、桑园、茶园以及林带等植物的杂草。一般每亩用200~300毫升对水喷雾。

(3) 苄嘧磺隆。商品名农得时,低毒内吸型选择性除草剂,主要用于稻田除草。常见为10%可湿性粉剂,在水稻移栽前后15天内使用,一般每亩用20克对水喷雾,可有效防治稻田里的鸭拓草、牛毛毡、眼子菜、节节菜等。注意施药后必须保持稻田水深至少3厘米。

(4) 精噁唑禾草灵。商品名骠马,低毒内吸型选择性除草剂，主要用于麦田除草。常见为10%乳油。一般每亩用药30～40毫升对水喷雾，可有效防治麦田里的野燕麦、看麦娘、狗尾草、稗草、黑麦草、燕麦、早熟禾、金狗尾草、马唐等。

(5) 苯磺隆。商品名巨星，麦田除草剂。常见为75%干悬浮剂，一般每亩用药1～2克对水喷雾，可有效防治麦田里的繁缕、麦家公、猪殃殃、野芥菜、碎米荠、田芥菜、地肤、田蓟、苍耳、节蓼、萹蓄、遏蓝菜、藜、小藜、鸭跖草、铁苋菜、鬼针草、龙葵、问荆、苣荬菜、刺儿菜等。

(6) 精氟吡甲禾灵。商品名高效盖草能，低毒内吸型选择性除草剂，主要用于油菜、花生、大豆、棉花、蔬菜等双子叶作物田防除单子叶杂草，常见为10.8%乳油，一般在作物3～5片叶期进行喷雾防治。

(7) 乙氧氟草醚。商品名果尔，低毒触杀型选择性除草剂。其主要用于防治果园、林地多种阔叶杂草，一般以土壤处理法控制芽前杂草，也可在杂草苗期以茎叶喷雾法杀除出苗杂草，在杀除出苗杂草的同时，落入土壤的药液又可以控制尚未萌发的杂草。对禾本科杂草防除效果差。

(8) 二甲戊乐灵。商品名菜草通，新型安全高效广谱选择性菜田、旱田除草剂，常用剂型为33%乳油。菜草通主要适用于大蒜、生姜、马铃薯、韭菜、芹菜、茄子、辣椒、甘蓝、番茄、花生、大豆、棉花。玉米、烟草等作物大田除草，一般做土表喷雾施用。

(六) 杀鼠剂

(1) 溴敌隆。商品名乐万通、溴联苯鼠隆、大隆，第二代抗凝血杀鼠剂。具有适口性好、毒力强、杀灭范围广的特点。用量小，鼠不拒食，老鼠吃后导致中毒，出血不止而死亡，死亡高峰一般出现在投毒后4～6天。常见为0.5%溴敌隆母液，采用浸泡法配制，1份母液混配100份饵料。溴敌隆对人、畜毒性低，该药剂二次中毒危险性小，万一误食应即送医院急救，

维生素 K_1 为其特效解毒剂。

（2）敌鼠钠盐。是第一代抗凝血杀鼠剂，具有适口性好、作用缓慢、杀灭范围广的特点。和溴敌隆一样，老鼠吃后导致中毒，出血不止而死亡，一般鼠类服用敌鼠钠盐后 3～4 天内安静死亡，由于药物作用缓慢，即使鼠类中毒后，也仍会取食毒饵。常见为80％钠盐，配成 0.05％的毒饵。注意敌鼠钠盐对猪、牛、羊、鸡毒性低，但对猫、狗毒性高。

（3）氟鼠灵。商品名杀它仗，属于第二代抗血凝剂，对各种鼠类，包括对第一代抗血凝剂有抗性的鼠都有很强的灭杀效果。毒力强，猪、鸡等家畜、家禽的耐药性较好。纯品为白灰色结晶粉末，难溶于水，毒饵使用浓度为 0.005％，适于防治各类害鼠。

注意：氟乙醚胺、毒鼠强等杀鼠剂，由于剧毒而且对人、畜非常危险，我国早已禁止使用。

二、农药的选择

（一）要明确农药品种的性能特点

农药是一种农业毒剂，对不同的生物体有其选择性，如杀虫剂按其作用方式可分为触杀剂、胃毒剂、内吸剂和熏蒸剂；杀螨剂分为只杀成、若螨的，以及只杀卵和若螨的；杀菌剂分为保护剂、内吸治疗剂和保护治疗混合剂；除草剂分为茎叶处理剂和土壤处理剂。

（二）仔细阅读说明书和瓶签上的使用说明

按照有关规定我国的农药外包装上必须标明以下事项。

（1）农药的通用名称。市场销售的农药有通用名和商品名两种表示方法，商品名就像人的“乳名”，不能单独使用，尤其一旦有人误服，医生不易对症救治。必须附有药剂的通用名，并且通用名不能只使用英文。

（2）有效成分含量。按百分含量标记，同一药名，含量不同，用量也不同。

（3）防治对象、用量和使用方法。药剂的防治对象按登记的范围表明，用量和使用方法应具体。

（4）安全间隔期。即最后一次施药到收获的天数。如在蔬菜上使用，只有达到规定的天数，产品中的农药才能被分解掉。

（5）注意事项。主要针对该药剂的特点，提醒人们在贮藏、运输和使用中应注意的问题。

（三）选择适宜的剂型

不同剂型的农药具有不同的理化性能，有的药效释放慢但药效较持久，有的速效但药效期较短，有的颗粒大，有的颗粒小，用药时应根据防治病虫类型、施药方法的不同选择相适宜的剂型。例如，防治钻蛀性害虫和地下害虫，以及防除宿根性杂草，应选择药效释放缓慢、药效期长、具有内吸性的颗粒剂型农药，喷粉不宜选择可湿性粉剂农药，喷雾不宜选择粉剂农药。

第二节　农药的使用技术

一、使用农药的基础知识

（一）自觉抵制禁用农药

掌握国家明令禁止使用的甲胺磷、甲基对硫磷、对硫磷、久效磷、磷胺等23种农药以及甲拌磷、甲基异柳磷、特丁硫磷、甲基硫环磷、治螟磷、内吸磷、克百威、涕灭威、灭线磷、环磷、蝇毒磷、地虫硫磷、氯唑磷、苯线磷等14种在蔬菜、果树、茶叶、中草药材上限制使用种农药。在生产中要严格遵守相关规定，限制选用，并积极宣传。

（二）选用对路农药

市场上供应的农药品种较多，各种农药都有自己的特性及各自的防治对象，必须根据药剂的性能特点和防治对象的发生规律，选择安全、有效、经济的农药，做到有的放矢，药到“病虫”除。

（三）科学使用农药

农作物病虫防治，要坚持“预防为主，综合防治”的方针，在搞好农业、生物、物理防治的基础上，实施化学药剂防治。开展化学防治把握好用药时期，绝大多数病虫害在发病初期，为害轻，防治效果好，大面积暴发后，即使多次用药，损失也很难挽回。因此，要坚持预防和综防，尽可能减少农药的使用次数和用量，以减轻对环境及产品质量安全的影响。

（四）采用正确的施药方法

施药方法很多，各种施药方法都有利弊，应根据病虫的发生规律、为害特点、发生环境等情况确定适宜的施药方法。例如，防治地下害虫，可用拌种、毒饵、毒土、土壤处理等方法；防治种子带菌的病害，可用药剂拌种或温汤浸种等方法。由于病虫为害的特点不同，施药的重点部位也不同，如防治蔬菜蚜虫，喷药重点部位在菜苗生长点和叶背；防治黄瓜霜霉病着重喷叶背；防治瓜类炭疽病，叶正面是喷药重点。

（五）掌握合理的用药量和用药次数

用药量应根据药剂的性能、不同的作物、不同的生育期、不同的施药方法确定。例如，作物苗期用药量比生长中后期少。施药次数要根据病虫害发生时期的长短、药剂的持效期及上次施药后的防治效果来确定。

（六）注重轮换用药

对一种防治对象长期反复使用一种农药，很容易使这种防治对象对这种农药产生抗性，久而久之，施用这种农药就无法控制这种防治对象的为害。因此，要注重轮换、交替施用对防治对象作用不同的农药。

（七）严格遵守安全间隔期规定

农药安全间隔期是指最后一次施药到作物采收时的天数，即收获前禁止使用农药的天数。在实际生产中，最后一次喷药到作物收获的时间应比标签上规定的安全间隔期长。为保证农产品残留不超标，在安全间隔期内不能采收。

二、使用农药的具体方法

（一）喷雾法

利用喷雾机具将液态农药或加水稀释后的农药液体，以雾状形式喷洒到作物体表或其他处理对象上的施药方法。它是乳油、可湿性粉剂、悬浮剂、水剂、油剂等剂型的主要使用方法。

（二）喷粉法

利用喷粉机具所产生的气流将农药粉剂吹散后，使其均匀沉降于作物或其他生物体表上的施药方法。它是农药粉剂的主要施用方法。

（三）拌种法

将农药与种子混拌均匀，使农药均匀黏着于种子表面，形成一层药膜的施药方法。是种苗处理的主要施药方法之一。

（四）浸种法

将种子浸泡于一定浓度的药液中，经过一定时间、取出阴干后播种的处理方法。

（五）毒土法

将药剂与细湿土均匀地混合在一起，制成含有农药的毒土，以沟施、穴施或撒施的方法使用。

（六）毒饵法

将药剂与饵料混拌均匀，投放于防治对象经常活动及取食的地方，达到防治目的。主要用于防治地下害虫。

（七）熏蒸法

指利用熏蒸性药剂所产生的有毒气体，在相对密闭的室内条件下防治病虫害的施药方法。

（八）甩施法

又称洒滴法，是指利用药剂盛装器皿直接将药剂滴洒于水面，依靠药剂的自身扩散作用在水面分散展开，达到防治有害生物目的的施药方法。

（九）泼浇法

用大量水将药剂稀释至一定浓度，并均匀泼浇于作物上的一种施药方法。

（十）涂抹法

将具有内吸性或触杀性的药剂用少量水或黏着剂配成高浓度药液，涂抹在植物（树干）、墙壁上防治有害生物的施药方法。

（十一）其他施药方法

包括包扎法、注射法、条带施药法、大粒剂抛施法、熏烟法、撒粒法等。

第三节　农药使用的安全防护

一、对施药人员的防护

（1）施药人员要经过健康体检，应选择身体健康的青壮年，并应经过一定的技术培训。

（2）凡体弱多病者，患皮肤病和农药中毒及其他疾病尚未恢复健康者，哺乳期、孕期、经期的妇女，皮肤损伤未愈者，不得进行喷撒作业。

（3）喷药或暂停喷药时，不准带小孩到作业地点。施药人员在喷药前或喷药期间不得饮酒。

（4）施药人员打药时必须戴防毒口罩，穿长袖上衣、长裤和鞋、袜。在操作时禁止喝水、吃东西，不能用手擦嘴、脸、眼睛，绝对不准互相喷射嬉闹。每日工作后喝水、抽烟、吃东西之前要用肥皂彻底清洗手、脸和漱口。有条件的应洗澡。被农药污染的工作服要及时换洗。

（5）施药人员每天喷药时间一般不得超过 6 小时。使用背负式机动药械，要两人轮换操作。连续施药 3～5 天后应停休 1 天。

（6）操作人员如有头痛、头昏、恶心、呕吐等症状时，应立即离开施药现场，脱去被污染的衣服，漱口，擦洗手、脸和皮肤等暴露部位，及时送医院治疗。

二、对周边环境的防护

（1）配药、拌种时要远离饮用水源。

（2）喷药前要对药械开关、接头、喷头等进行检查，排除故障，也不能用嘴吹、吸喷头、过滤网等。

（3）药桶不能装得太满，以免溢出污染土壤。

（4）喷药应从上风头开始，大风、高温、露水未干和降雨时不能喷。

（5）在温棚、大棚中进行喷施粉尘剂或点燃烟熏剂要从离出入口远处开始。

（6）喷药人员之间不得相互喷射嬉戏。

（7）施药结束后对药械要进行清洗，污水不得乱泼、乱倒，应远离饮水源和鱼池。

（8）农药包装袋、瓶，不得再装其他物品，不能乱丢，可以打碎深埋或焚烧。

（9）药械、浸种用具集中保管，一切防护用品经常洗换。

三、科学安全用药

（一）科学用药

（1）对症施药。农药的品种很多，特点不同；农作物的病、虫、草、鼠的种类也很多，各地差异也甚大，为害习性也有变化，因此，使用农药之前必须认识防治对象和选择适当的农药品种，参考各地植物保护部门所编写的书籍、手册，防止误用农药，达到对症施药的理想效果。

（2）适时施药。施药时期应根据有害生物的发育期及作物生长进度和农药品种而定。各地病虫测报站、鼠情监测点，要做常年监测，发出预报，并对主要病、虫、鼠害制定出防治指标。例如，发生量达到防治指标，则应施药防治。施药时，还应考虑气候、天敌情况，除草剂施用时既要看草情还要看“苗”情。

（3）适当施药。各类农药使用时，均需按照商品介绍说明书推荐用量使用，严格掌握施药量，不能任意增减，否则必将造成作物药害或影响防治效果。操作时，不仅药量、水量、饵料量称准，还应将施用面积量准，才能真正做到准确适量施药，取得好的防治效果。

施药量常见有以下 4 种方法表示。

①用施用制剂数量表示，如每亩用 10％联苯菊酯（天王星）乳油 2～2.5 克防治棉铃虫，掌握每亩用药量即可。也可用每公顷用药量来表示。

②用有效成分数量表示，如 25％腈菌唑乳油每亩用有效成分 2～4 克防治小麦白粉病。

③用对水倍数表示，如 5％菌毒清水剂 100～200 倍液涂抹果树腐烂病斑防治腐烂病。

④用百万分之几有效成分浓度表示，如 2.5％高效氯氟氰菊酯（功夫）乳油用 5～6.3 毫克/升防治果树桃小食心虫。例如，

百万分之一百，也就是 100 万份稀释液中有 100 份高效氯氟氰菊酯（功夫）乳油。5～6.3 毫克/升即是 100 万份稀释液中有 5～6.3 份高效氯氟氰菊酯（功夫）乳油。

（4）交替轮换使用农药。单　长期使用某一种农药，容易导致病虫害抗药性增加，可交替轮换使用农药，延缓病虫害的抗药性。

（5）科学混配农药。农药混合后，药效可能增加或降低，不可无科学根据乱配。

（二）安全用药

使用之前买农药时必须注意农药的包装，防止破漏。注意农药的品名、有效成分含量、出厂日期、使用说明等。尤其要注意识别假冒伪劣农药，凡是包装印刷质量不良，标签、说明等内容含糊不全，都要引起重视，注意核对甄别，防止买到假冒伪劣农药。

农药要保管在阴凉并且小孩拿不到的地方，不要与粮食、蔬菜、瓜果、食品、日用品等混载、混放，标签掉了要注明。

使用过程不要在夏天中午用药，以防中暑、中毒。施药人员打药时必须戴防毒口罩，穿长衣、长裤和鞋、袜。在操作时禁止吸烟、喝水、吃东西，不能用手擦嘴、脸、眼睛，绝对不准互相喷射打闹。作业时要注意风向，喷雾时应该由下风处向上风处移动，喷雾方向对准下风处。使用后施药人员要用肥皂洗手，有条件的应洗澡，尽量清洗掉身上残留的药液（粉）。被农药污染的工作服要及时换洗。及时清洗喷雾器具。

第四节　农药中毒和急救

一、农药中毒的含义

在接触农药的过程中，如果农药进入人体，超过了正常人的最大耐受量，使机体的正常生理功能失调，引起毒性为害和病理改变，出现一系列中毒的临床表现，就称为农药中毒。

二、农药毒性的分级

主要是依据对大鼠的急性经口和经皮肤性进行试验来分级的。依据我国现行的农药产品毒性分级标准，农药毒性分为剧毒、高毒、中等毒、低毒、微毒五级。

三、农药中毒的程度和种类

（1）根据农药品种、进入途径、进入量不同，有的农药中毒仅仅引起局部损害，有的可能影响整个机体，严重的甚至危及生命，一般可分为轻、中、重三种程度。

（2）农药中毒的表现，有的呈急性发作，有的呈慢性或蓄积性中毒，一般可分为急性和慢性中毒两类。①急性中毒往往是指1次口服，吸入或经皮肤吸收了一定剂量的农药后，在短时间内发生中毒的症状。但有些急性中毒，并不立即发病，而要经过一定的潜伏期才表现出来。②慢性中毒主要指经常连续食用、吸入或接触较小量的农药（低于急性中毒的剂量），毒物进入机体后，逐渐出现中毒的症状。慢性中毒一般起病缓慢，病程较长，症状难于鉴别，大多没有特异的诊断指标。

四、农药中毒的原因和影响因素

（一）农药中毒的原因

1. 生产性中毒的原因

在使用农药过程中发生的中毒叫生产性中毒，造成生产性中毒的主要原因如下。

（1）配药不小心，药液污染手部皮肤，又没有及时洗净；下风配药或施药，吸入农药过多。

（2）施药方法不正确，如人向前行左右喷药，打湿衣裤；

几架药械同时喷药，未按梯形前行和下风侧先行，引起相互影响，造成污染。

（3）不注意个人保护，如不穿长袖衣、长裤、胶靴，赤足露背喷药；配药、拌种时不戴橡胶手套、防毒口罩和护镜等。

（4）喷雾器漏药，或在发生故障时徒手修理，甚至用嘴吹堵在喷头里的杂物，造成农药污染皮肤或经口腔进入人体内。

（5）连续喷药时间过长，经皮肤和呼吸道进入的药量过多，或在施药后不久在田内劳动。

（6）喷药后未洗手、洗脸就吃东西、喝水、吸烟等。

（7）施药人员不符合要求。

（8）在科研、生产、运输和销售过程中因意外事故或防护不严污染严重而发生中毒。

2. 非生产性中毒的原因

在日常生活中接触农药而发生的中毒叫非生产性中毒，造成非生产性中毒的主要原因如下。

（1）乱用农药，如用高毒农药灭虱、灭蚊、治癣或其他皮肤病等。

（2）保管不善，把农药与粮食混放，吃了被农药污染的粮食而中毒。

（3）用农药包装品装食物或用农药空瓶装油、装酒等。

（4）食用近期施药的瓜果、蔬菜。食用拌过农药的种子或农药毒死的畜禽、鱼虾等。

（5）施药后田水泄漏或清洗药械污染了饮用水源。

（6）有意投毒或因寻短见服农药自杀等。

（7）意外接触农药中毒。

（二）影响农药中毒的相关因素

（1）农药品种及毒性农药的毒性越大，造成中毒的可能性就越人。

（2）气温越高，中毒人数越集中，有90%左右的中毒患者发生在气温30℃以上的7—8月。

(3) 农药剂型乳油发生中毒较多，粉剂中毒少见，颗粒剂、缓释剂较为安全。

(4) 施药方式撒毒土、泼浇相对较为安全，但喷雾发生中毒较多。经对施药人员小腿、手掌处农药污染量测定，证实了撒毒土为中毒量最少，泼浇为撒毒土中毒量的10倍，喷雾为撒毒土中毒量的150倍。

(三) 农药进入人体引起中毒的途径

(1) 经皮肤进入人体。这类中毒是由于农药沾染皮肤进到人体内造成的。很多农药溶解在有机溶剂和脂肪中，如一些有机磷农药都可以通过皮肤进入人体内。特别是天热，气温高，皮肤汗水多，血液循环快，容易吸收。皮肤有损伤时，农药更易进入。人体大量出汗也能促进农药吸收。

(2) 经呼吸道进入人体。粉剂、熏蒸剂和容易挥发的农药，可以从鼻孔吸入引起中毒。喷雾时的细小雾滴，悬浮于空气中，也很易被吸入。在从呼吸道吸入的空气中，要特别注意无臭、无味、无刺激性的药剂，这类药剂要比有特殊臭味和刺激性的药剂中毒的可能性更大。因为它容易被人们所忽视，在不知不觉中大量吸入体内。

(3) 经消化道进入人体。各种化学农药都能从消化道进入人体而引起中毒。多见于误服农药或误食被农药污染的食物。经口腔中毒，虽然农药剂量一般不大，但不易彻底消除，所以中毒也较严重，危险性也较大。

五、农药中毒的急救治疗

(一) 正确诊断农药中毒情况

农药中毒的诊断必须根据以下几点。

(1) 中毒现场调查询问农药接触史，中毒者如清醒则要口述农药接触的过程、农药种类、接触方式，如误服、误用、不遵守操作规程等。如严重中毒不能自述者，则需通过周围人及家属了解中毒的过程和细节。

(2) 结合各种农药中毒相应的临床表现，观察其发病时间、病情发展以及一些典型症状体征。

(3) 鉴别诊断排除一些常易混淆的疾病，如施药季节常见的中暑、传染病、多发病等。

(4) 有化验条件的地方，可以参考化验室检查资料，如患者的呕吐物，洗胃抽出物的物理性状以及排泄物和血液等生物材料方面的检查。

(二) 现场急救

现场急救的目的是避免继续与毒物接触，维持病人生命，以便将重症病人转送到邻近的医院治疗。

(1) 立即使患者脱离毒物，转移至空气新鲜处，松开衣领，使呼吸畅通，必要时吸氧和进行人工呼吸。

(2) 皮肤和眼睛被污染后，要用大量清水冲洗。

(3) 误服毒物后须饮水催吐（吞食腐蚀性毒物后不能催吐）。

(4) 心脏停搏时进行胸外心脏按压。患者有惊厥、昏迷、呼吸困难、呕吐等情况时，在护送去医院前，除检查、诊断外，应给予必要的处理，如取出假牙将舌引向前方，保持呼吸畅通，使患者仰卧，头后倾，以免吞入呕吐物，以及一些对症治疗的措施。

(5) 处理其他问题。尽快给患者脱下被农药污染的衣服和鞋袜，然后把污物冲洗掉。在缺水的地方，必须将污物擦干净，再去医院治疗。

(三) 中毒后的救治措施

(1) 用微温的肥皂水或清水清洗患者被污染的皮肤、头发、指甲、耳、鼻等，眼部污染者可用小壶或注射器盛2%小苏打水、生理盐水或清水冲洗。

(2) 对经口中毒者，要及时、彻底催吐、洗胃、导泻。但神志恍惚或明显抑制者不宜催吐。补液、利尿以排毒。

(3) 呼吸衰竭者就地给以呼吸中枢兴奋剂，如可拉明、洛贝林等，同时给氧气吸入。

呼吸停止者应及时进行人工呼吸，首先考虑应用口对口人工呼吸，有条件的准备气管插管，给以人工辅助呼吸。同时，可针刺人中、十宣、涌泉等穴，并给以呼吸兴奋剂。

对呼吸衰竭和呼吸停止者都要及时清除呼吸道分泌物，以保持呼吸道通畅。

(4) 循环衰竭者如表现血压下降，可用升压静脉注射，如阿拉明、多巴胺等，并给以快速的液体补充。

(5) 心脏功能不全时，可以给咖啡因等强心剂。心跳停止时用心前区叩击术和胸外心脏按压术，经呼吸道近心端静脉或心脏内直接注射新三联针（肾上腺素、阿托品各 1 毫克，利多卡因 50 毫克）。

(6) 惊厥病人给以适当的镇静剂。

(7) 解毒药的应用。为了促进毒物转变为无毒或毒性较小物质，或阻断毒作用的环节，凡有特效解毒药可用者，应及时正确地应用相应的解毒药物。如有机磷中毒则给以胆碱酯酶复能剂（如氯磷定或解磷定等）和阿托品等抗胆碱药。

(四) 对症治疗

根据医生的处置，服用或注射药物来消除中毒产生的症状。

第五节　生物农药及其应用

一、生物农药概述

生物农药是指利用生物活体或其代谢产物对害虫、病菌、杂草、线虫、鼠类等有害生物进行防治的一类农药制剂，或者是通过仿生合成具有特异作用的农药制剂。

关于生物农药的范畴，目前，国内外尚无十分准确统一的界定。按照联合国粮农组织的标准，生物农药一般是天然化合物或遗传基因修饰剂，主要包括生物化学农药（信息素、激素、植物调节剂、昆虫生长调节剂）和微生物农药（真菌、细菌、昆虫病毒、原生动物，或经遗传改造的微生物）两个部分，农用抗生素制剂不包括在内。

我国生物农药按照其成分和来源可分为微生物活体农药、微生物代谢产物农药、植物源农药、动物源农药四个部分。按照防治对象可分为杀虫剂、杀菌剂、除草剂、杀螨剂、杀鼠剂、植物生长调节剂等。就其利用对象而言，生物农药一般分为直接利用生物活体和利用源于生物的生理活性物质两大类，前者包括细菌、真菌、线虫、病毒及拮抗微生物等，后者包括农用抗生素、植物生长调节剂、性信息素、摄食抑制剂、保幼激素和源于植物的生理活性物质等。

但是，在我国农业生产实际应用中，生物农药一般主要泛指可以进行大规模工业化生产的微生物源农药。

二、生物农药的类型

（一）植物源农药

植物源农药以在自然环境中易降解、无公害的优势，现已成为绿色生物农药首选之一，主要包括植物源杀虫剂、植物源杀菌剂、植物源除草剂及植物光活化霉毒等。到目前，自然界已发现的具有农药活性的植物源杀虫剂有“博落回”杀虫杀菌系列、除虫菊素、烟碱和鱼藤酮等。

（二）动物源农药

动物源农药主要包括动物毒素，如蜘蛛毒素、黄蜂毒素、沙蚕毒素等。目前，昆虫病毒杀虫剂在美国、英国、法国、俄罗斯、日本及印度等国已大量施用，国际上已有 40 多种昆虫病毒杀虫剂注册、生产和应用。

（三）微生物源农药

微生物源农药是利用微生物或其代谢物作为防治农业有害物质的生物制剂。其中，苏云金菌属于芽杆菌类，是目前世界上用途最广、开发时间最长、产量最大、应用最成功的生物杀虫剂；昆虫病源真菌属于真菌类农药，对防治松毛虫和水稻黑尾叶病有特效；根据真菌农药沙蚕素的化学结构衍生合成的杀虫剂巴丹或杀暝丹等品种，已大量用于实际生产中。

三、生物农药的应用

科学使用生物农药，要做到以下几点。

（1）科学选药。生物农药的品种很多，特点不同，价格差别也很大。应根据农产品的生产目的、级别，参考防治对象的种类、农药价格，做到科学选择生物农药。

（2）适时施药。适时施药应根据防治对象的发育时期和农药品种的特性确定。

（3）均匀施药。生物农药的大多数品种属胃毒剂和触杀剂，并极少有内吸传导作用，所以要求做到均匀施药，使作物上的病部和虫体都能喷到农药，才能保证防治效果。

（4）科学贮药。生物农药的贮存，要放在阴凉、干燥通风处，避免在高温或强光下暴晒，配好的药液要当天用完。对活体生物制剂更要十分注意贮药条件和时间，避免损失。

主要参考文献

刘雅忱，张志英. 2010. 蔬菜病虫害防治图谱——甜瓜［M］. 长春：吉林出版集团有限责任公司.

李海波，李岩龙. 2015. 作物病虫害防治［M］. 成都：四川大学出版社.